ZOUJIN
KONGLONGDAN
SHIJIE

走近恐龙蛋世界

● 周世全
● 崔保建
● 郭一峰　著
● 钱兴华
● 金华兴

CUGP 中国地质大学出版社
ZHONGGUO DIZHI DAXUE CHUBANSHE

内容摘要

本书以通俗和大众化的语言深入浅出地、系统地介绍了我国恐龙蛋化石家族、恐龙繁殖方式、恐龙帝国的覆灭、恐龙蛋化石的鉴别与辨伪和我国的恐龙蛋之乡与博物馆。深入讨论了1992—1993年间全国的恐龙蛋事件及恐龙蛋化石的保护与可持续发展。客观地评价、分析了恐龙蛋化石的科学价值、观赏价值、经济价值、文化价值等内涵。文中插有大量精美的照片与图表，书后附有相关地质名词解释及图录检索，使全书更具趣味性、可读性、知识性和时代性。专业工作者和普通爱好者都能引起强烈的共鸣。

本书适用于观赏石、古生物化石爱好者、收藏者，观赏石贸易、鉴定人员，博物馆工作人员，大专院校相关专业师生或培训班的学员等。

图书在版编目(CIP)数据

走近恐龙蛋世界/周世全，崔保健，郭一峰，钱兴华，金华兴著. —武汉：中国地质大学出版社，2010.3

ISBN 978-7-5625-2448-9

Ⅰ.走…

Ⅱ.①周…②崔…③郭…④钱…⑤金…

Ⅲ.恐龙蛋－普及读物

Ⅳ.Q915.864－49

中国版本图书馆CIP数据核字(2009)第218252号

走近恐龙蛋世界 周世全 崔保健 郭一峰 钱兴华 金华兴 著

责任编辑：刘桂涛 责任校对：张咏梅

出版发行：中国地质大学出版社(武汉市洪山区鲁磨路388号) 邮政编码：430074

电话：(027)67883511 传真：67883580 E-mail: cbb@cug.edu.cn

经　销：全国新华书店 http://www.cugp.cn

开本：889毫米×1194毫米 1/16 字数：330千字 印张：11.125

版次：2010年3月第1版 印次：2010年3月第1次印刷

印刷：荆州市鸿盛印务有限公司 印数：1—5 000册

ISBN 978-7-5625-2448-9 定价：158.00元

第 9 届亚洲国际邮票展览
（西峡恐龙蛋）
（引自南阳集邮公司）

西峡恐龙蛋化石邮票集封面
（引自南阳集邮公司）

世界首次发行的恐龙蛋化石邮票珍藏
（西峡恐龙蛋）
（引自南阳集邮公司）

西峡恐龙蛋化石邮票一枚
（引自南阳集邮公司）

西峡恐龙蛋化石邮票一枚
（引自南阳集邮公司）

河南省南阳市人民政府在香港举办恐
龙蛋化石、旅游资源展示推介会
（张国建 摄）

香港观众在参观西峡恐
龙蛋化石（香港会展）
（张国建 摄）

香港记者在拍照展览的西
峡恐龙蛋化石（香港会展）
（张国建 摄）

河南省南阳市人民政府赠给香港特区政府的西峡恐龙蛋化石（香港会展）
（张国建 摄）

日本东山动物园 60 周年纪念册封面
（引自董枝明，东洋一）

河南省南阳市人民政府领导作报告（香港会展）
（张国建 摄）

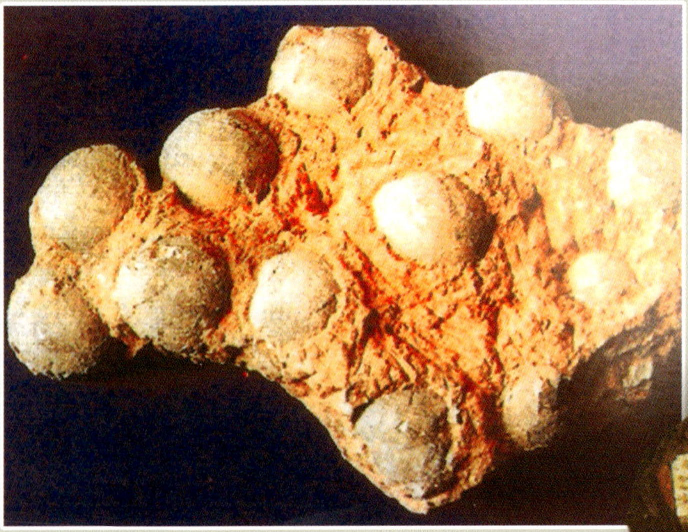

纪念册中刊出的西峡副圆形蛋化石
（引自董枝明，东洋一）

纪念册中刊出的
西峡副圆形蛋化石
（引自董枝明，东洋一）

纪念册中刊出的西峡长
圆柱蛋化石
（引自董枝明，东洋一）

副圆形蛋一窝
（河南西峡）

副圆形蛋一窝
(河南西峡)

纪念册中刊出的西峡棱柱形蛋化石
(引自董枝明,东洋一)

树枝蛋一窝(河南西峡)

树枝蛋(河南西峡)

树枝蛋一窝(湖北)

副圆形蛋(河南西峡)

副圆形蛋(河南淅川)

长圆柱蛋(河南西峡)

编委会

作者简介

周世全，男，汉族，1937年生，湖南省湘乡市人。地质矿产高级工程师，国家宝玉石专家，南阳师范学院名誉教授，中国宝玉石鉴定师、评估师，长期从事区域地质与矿产勘查。1974年至今，致力于中、新生代地层和恐龙蛋化石古生态的研究工作，并主持、参与河南省重大科学研究项目，主编大、中、小型各类区域、矿产地质报告50余份，发表科学论文近60篇，出版专著或合著《中国南阳恐龙蛋》、《中国黄石砚》等四部，获省（部）级科研成果奖、荣誉奖多项，优秀论文1～3等奖多项。目前主要从事恐龙蛋化石、中生代地层、沉积环境及宝玉石、观赏石资源、宝石文化等方面的研究工作。曾赴印度尼西亚考察宝玉石矿产，并接受中央电视台“走进科学栏目”、香港“阳光卫视”、“河南日报”等媒体的多次采访。事迹被收入《中华人物辞海》等名录。

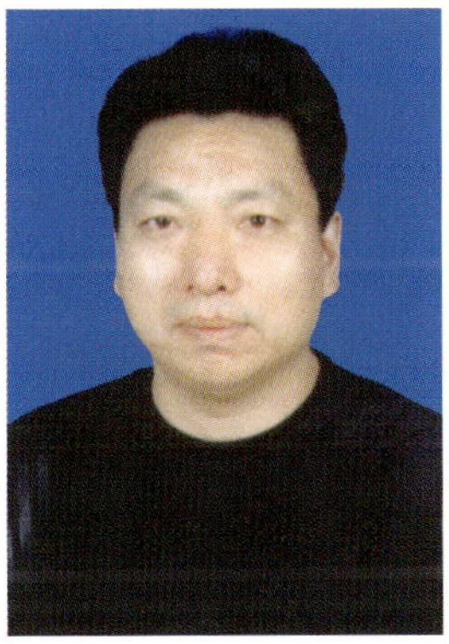

崔保建，男，汉族，1966年生，河南省南阳市人，大专学历，工程师，宝玉石质检师。近20年来，一直从事奇石、观赏石资源的勘查、收藏和恐龙蛋化石保护与可持续发展以及宝玉石文化、观赏石文化等的研究工作，已发表科学论文数篇，合作出版专著一部，获科技成果奖一项。多次参加全国及部级单位主办的有关专业会议。目前，主要从事观赏石资源、宝玉石矿产的调查与玉文化、古代石文化的研究工作。

作者简介

郭一峰，男，汉族，1963年生，河南省周口市人，大学本科，工程师，评估师，瀚博商贸公司总经理。长期从事奇石、观赏石资源的勘查、收藏和恐龙蛋化石保护的研究工作，并一直从事石文化与古代、现代石文化结合的探索，多次参加全国及部级单位主办的有关专业会议，发表科学论文数篇。目前，主要以观赏石收藏、矿产勘查开发与石文化的研究为主要工作方向。

钱兴华，男，汉族，1963年生，江苏省无锡市人，大专文化，工程师，注册质检师，石文化研究者。主要从事矿产、奇石、观赏石资源等的普查、收藏，并长期参与恐龙蛋化石的保护与开发的研究。已发表科学论文数篇，多次参加全国、省级的有关专业会议。目前，主要从事观赏石资源的调查、石文化研究及恐龙蛋化石保护技术的研究工作。

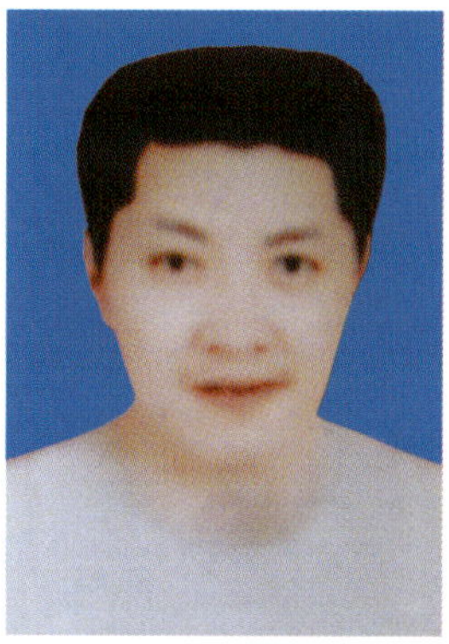

金华兴，男，汉族，1956年生，浙江省温州市人，大学本科，助理研究员，四达科贸公司总经理。主要从事非金属矿产、观赏石资源的勘查、收藏和恐龙蛋化石保护科学的研究工作。发表科学论文数篇，合作出版专著一部。目前，主要从事观赏石资源的调查与保护工作。

序

当今世界，科学技术已成为社会进步和生产力发展的革命性推动力，渗透在社会、经济、生态及人类精神产品、生活等各个方面，支撑着当代世界的可持续发展。地球科学正处在变革的时代，日新月异地向前发展，而地质科学的基础与发展，在于普及与传播，使之变成广大群众的特殊文化，进而成为破除迷信、认识自然、改造世界、发展经济、保护生态，建设和谐、节约、创新型国家的武器，由此可知，推动科学普及更是我国广大科技工作者的重大责任。

《走近恐龙蛋世界》一书，作者以新的视野，在我国丰富的恐龙蛋化石和众多科学家在相关领域研究成果的基础上，结合作者新的成果和认识，创造性地把恐龙蛋科学变为群众喜欢的、可以产生强烈社会效果，又具思想性、趣味性，雅俗共赏的读物。这是当前恐龙蛋科普著作中，一个崭新的领域。作者从恐龙蛋化石的定义、恐龙蛋时代的大陆、恐龙蛋家族大观、恐龙如何产蛋、恐龙帝国的灭亡、恐龙蛋化石的价值、恐龙蛋化石的真假鉴别、恐龙蛋化石保护与可持续发展、全国的恐龙蛋事件、中国恐龙蛋之乡、恐龙及恐龙蛋博物馆等人们关注的热点出发，详细而大众化地向人们予以叙述，并附有大量彩色图片和部分名词解释。这样将会引起社会的强烈共鸣，促进我国地质古生物科学的发展与繁荣。它开启了追溯远古、通向未来的篇章，使认识地球、善待家园、保护地质古生物遗迹、维护环境的意识，更深深地植根于人们的思想之中。

《走近恐龙蛋世界》是一本贴近群众、紧跟时代、资料系统、图文并茂、深入浅出的好著作。值此，在即将付梓出版之际，谨向作者表示衷心的祝贺，并向我国广大地学爱好者、收藏家、观赏石贸易和科研人员等，热心地推荐此书，祝愿《走近恐龙蛋世界》在百花争艳的科普园地中绽放异彩。

中国地质大学逸夫博物馆馆长、教授
中国地质博物馆专业委员会副秘书长
中国自然科学博物馆协会理事
全国国土资源科普基地评审专家

2009年7月

前言

恐龙蛋化石属于一类珍稀的古蛋类化石，是地质历史时期自然地质遗迹和一类不可再生的地质古生物资源，是人类共同的宝贵财富。恐龙蛋是地球科学、生命科学和其他相关科学非常重要的信息载体。我国是一个恐龙蛋化石丰富的国家，已在17个省(区)发现。具备类型多样、数量巨大、密集分布、状态原始、绝灭界线最佳等特点，并有世界上唯一的长圆柱蛋化石(长径34.5～61cm，短径14～27cm)产出，是目前世界上已知产地不可比拟的。集典型性、稀有性、优美性于一体，而具极高的科学价值、社会价值，是我国经济、生态、社会可持续发展战略的重要组成部分。

我国恐龙蛋化石的研究，始于20世纪50年代，杨锺健、周明镇等学者，作了大量开创性的研究工作。从70年代中后期始，赵资奎等在前人工作的基础上，对我国山东、广东、内蒙古、河南等地的恐龙蛋化石进行了多方面的研究探索，逐渐形成和发展了恐龙蛋分类系统，并对恐龙绝灭、地层划分、稳定同位素组成等提出了许多新的认识，从而推动了我国恐龙蛋化石科学研究的发展。但从20世纪50年代初至21世纪之初，我国还没有一本系统地论述恐龙蛋的大型专著问世(只是在2005年周世全等出版了《中国南阳恐龙蛋》一书，这是一本研究古生态环境方面的专著)，这种状况显然与我国蓬勃发展的科学事业和在世界科学技术发展史上的地位、地球科学正处在革命的时代不相适应。而恐龙蛋的科普读物更是非常缺少，几乎没有一本可读性强的、雅俗共赏的这类著作，来满足广大地学、古生物学爱好者和广大群众对了解恐龙蛋知识的需要。科学是社会实践的产物，也是一种特殊的文化。科学与知识的基础，在于普及和广泛的传播，总是从必然到自由，创造如诗如画的文化生活。地学、古生物学一旦由专业性转变为普及性，使广大群众登上科学的舞台，变作群众的知识库，科学真正被群众所掌握和在头脑中燃烧，就会变成认识自然、改造世界的精神动力。对于推动和谐社会、环境友好型国家建设的发展，保护生态环境、节能开源、解放思想、发展经济，提高群众的科学素质，避免愚昧和盲目性，破除迷信，激发探索热情，建设我们强大繁荣的祖国和促进世界和平，都具有重要的现实和深远的意义。科学普及是科技工作者的责任和不可推辞的义务，促进科学与广大群众的结合是国家和社会赋予广大科技工作者的使命。越过障碍，瞻望未来，用毕生的精力，作出自己的贡献，使地学、古生物学从头脑中解放出来，变为群众性、可读性的文化产品，贴近生活、走向群众，紧跟社会，这是科学全球化趋势和时代发展所需要的。

本书内容共有12章，基本涵盖了大家关心的各个方面，包括恐龙蛋和恐龙蛋化石、恐龙蛋时代的大陆、恐龙蛋化石家族大观、恐龙的繁殖方式、恐龙帝国的覆亡、恐龙蛋化石的保护与可持续发展、恐龙蛋化石的价值、恐龙蛋化石的鉴别与辨伪、波及全国的恐龙蛋事件、中国恐龙蛋之乡、恐龙及恐龙蛋博物馆一览及部分照片，作者力

求反映我国恐龙蛋化石的基本情况和有关问题，并结合当前一些比较突出的问题进行阐述，以期引起共鸣，服务波澜壮阔的社会。同时，挚着追求深入浅出、通俗易懂，雅俗共赏、老少皆宜的科普读物的宗旨，在写作过程中，着力减少专业性的词汇，增加一些趣味性，行文中又将一些过去鲜为人知的故事穿插进去，为读者增加一点好兴致，真正体现文化式的娱乐与知识性愉悦的要求。当然，能否达到这一要求，那要经过广大群众的认评，时间是伟大的作者，是衡量事业的标准，她能写出未来的结篇，卓越的评论是对著述最好的反应过程。

在本书编著过程中，南阳师范学院江富建教授、北京师范大学黄可佳先生提供参考文献，岳紫龙老师、赵树林先生摄制部分照片，王建中先生修改文稿，闫荣琣、杜福敏先生非常关心本书的出版，并予赞助。还有许多朋友的大力支持，这样，才使得该书有可能和读者见面。在此，我们一并表示诚挚的感谢和敬意。特别要指出的是中国地质大学博物馆馆长徐世球教授在百忙之中为该书撰写序言，在此谨向他表示敬意和衷心感谢。中国地质大学出版社刘桂涛先生的大力支持，是我们完成该书的重要支撑，在此，向他表示我们深深的谢意。其次，家人的支持和宽容，是保证作者完成该书的又一重要因素。上述各位专家、学者，我们将会永远地记住他们。

全书打印工作，由邹更哲、丁玉洁、韩凯、田玲鸽等完成，李进莲同志精心制图校改等，作者对他们的辛勤劳动和精益求精的风格，表示感激和敬佩。

本书内容涉及各个方面，作者又受到诸多条件的影响，完成此书深感力不从心，且有人一己百的感叹，这样书中一定有不少的缺点和错误，请地学、古生物学科研工作者和广大爱好者指正。错误也是财富，我们可以从中学习，总结经验教训，争取有所进步。著书立言的目的，是想为社会做点有益的工作，贡献一点自己的力量，广大群众如能有此认同，有此效果，那作者心灵深处翻卷的心潮、激荡的思绪，一定能平静下来。谨以此书献给那些勤于开拓创新、认真钻研、不计名利的科研工作者、博物馆人员和广大的地学爱好者。

赞助单位：西峡恐龙遗迹园旅游有限公司

作　者

2008 年 7 月 25 日

目录

目录

1 恐龙蛋和恐龙蛋化石

1.1 恐龙蛋

恐龙最早出现于晚三叠世早期，在地球上称王称霸生存了1.6亿年左右，是主宰地球历史上一类大小不同的最大群体陆生脊椎动物，繁盛于侏罗纪和白垩纪，并于白垩纪末即6500万年以前的大绝灭事件中全部绝灭，它是脊椎动物演化史上最大的事件和科学界长期以来的不解之迷及困惑。恐龙不是古代传统意义上神话中或传说中的“龙”，其与现代的鳄、蛇、蜥蜴等归属一大类。“恐龙”一名最早由英国古生物学家欧文于1842年创建，当时意为“恐怖的蜥蜴”，我国译为“恐龙”。恐龙家族庞大，古生物学家根据其腰带即骨盆每一侧肠骨、坐骨和耻骨的排列形态方式的不同，把它分为两大类：一为蜥臀类也称蜥龙类，包括四脚行走的蜥脚、古脚和两脚行走的兽脚3个亚类；二为鸟臀类或鸟龙类，包括鸟脚、剑龙、肿头龙、甲龙及角龙5个亚类。近200年来，全世界的科学工作者至少已认出了近1000种恐龙。目前我国已发现恐龙约35科90余属160种，并可划分为5个恐龙动物群，即禄丰蜥龙动物群、蜀龙动物群、马门溪龙动物群、鹦鹉嘴龙-翼龙动物群、巨龙-鸭嘴龙动物群。并将我国华南的白垩系初步划分出4个层位。恐龙种类繁多，演化进程较快，是古生物学家研究中生代陆相地层最可靠的证据。

恐龙是卵生繁殖的动物，恐龙蛋是恐龙产的卵，具有坚实的外壳，卵是生命的胚胎形式，是生命的期待和图腾。

恐龙蛋化石是一类珍稀和特殊的古蛋类化石，是地质历史时期的重要自然遗产。目前在全球五大洲都有发现，遍及世界的蒙古国、法国、西班牙、美国、巴西、阿根廷、巴基斯坦、韩国、俄罗斯、印度、坦桑尼亚、秘鲁、加拿大、葡萄牙、罗马尼亚及地中海沿岸国家等。中国是世界上恐龙蛋化石最丰富的国家，目前在广东、山东、江西、湖北、湖南、吉林、辽宁、河南、江苏、浙江、陕西、内蒙古、新疆、宁夏、甘肃、四川、安徽17个省区（市）均有发现。据初步统计已有9科20属60多种，与世界上已有种类在数量上相差不多。1869年地质学家马瑟龙（Matheron）在法国南部的比利牛斯省洛口（Ragnac）地区第一次记述基本完整的“蛋”，于1877年作了进一步研究，认为结构与鱼鳌类蛋相似，并推断属于一个属种不明的爬行动物产的蛋。在1922年前科学界一直认为恐龙是胎生动物。此时美国古生物学家马修斯提出中亚可能是人类和早期哺乳动物的发祥地，此推论得到纽约自然历史博物馆馆长古脊椎动物学家奥斯朋的支持。于是奥氏欲组织一个考察队去中亚验证马氏的设想，恰好美国动物学家安德鲁斯从南亚考察回到美国，并表示愿意组织一支考察队。1921年，

图1-1 安德鲁斯考察团在内蒙古的营地(董枝明,2000)

图1-2 安德鲁斯发现的世界上第一窝恐龙蛋(董枝明,2000)

美国动物学家安德鲁斯来到中国，并说服当时的中国政府考察蒙古戈壁;1922年他组建了考察队，名称为中亚考察团（我国著名地质学家袁复礼教授曾参加该团考察）。队伍由45人、5辆道吉牌四轮车和75匹骆驼组成。中亚考察团从张家口出发，开始了中亚探索的旅程，并到达二连浩特，并在此设置了临时的营地（图1-1）。此考察队从二连浩特向西北行进200多千米至蒙古高原腹地山伯拉克乌苏的戈壁大沙漠中的红色砂岩深谷（犹似火焰山，安德鲁斯称其为“焰崖”，现今蒙古人和俄罗斯人称它为巴音扎达）与吴启盆地，安德鲁斯发现了震惊当时世界古生物界的恐龙蛋和蛋窝，窝内有长形蛋9枚，被认为是原角龙的蛋（图1-2），并在其中一枚蛋的顶端发现一具小恐龙骨架，而它被当作吃蛋的盗贼，故命名为窃蛋龙。消息被媒体报道后，石破天擎，引起了全世界的轰动，产生极大的科学效应，并由此使生物学界和人们开始相信恐龙是卵生动物，造穴下蛋，真正揭开了50多年(1869—1922年)蒙在人们头上恐龙胎生或卵生争论的神密面纱，从而确定了恐龙为卵生动物。安德鲁斯也随之名声鹊起，成为当时古生物学界和科学界的新闻人物。他在古生物学上的历史性贡献，具有划时代的意义，至今人们还在怀念他。后在美国龙蛋山、加拿大阿尔伯克、印度、阿根廷阿巴塔尼亚、中国的内蒙古和西峡等地都找到恐龙胚胎，进一步证实恐龙为卵生动物，孵蛋育子的事实被彻底揭开。特别是美国两位著名的恐龙蛋专家马凯拉和霍纳于1978—1988年的10年时间内，在美国蒙大拿州“龙蛋山”进行了艰苦的研究和发掘工作，发现了北美第一个恐龙胚胎化石，许多孵化的恐龙蛋和恐龙幼儿，还有许多蛋窝，完成了恐龙造穴下蛋及亲子行为的研究，使全世界古生物界为之耳目一新。

1.2 恐龙蛋化石

1.2.1 化石概述

“化石”一词来自拉丁文，由法国采矿工程师阿格里科拉1546年提出的，意思是指地下挖出的东西，就是把从地下挖出的岩石、矿物以及动植物的遗体统称为化石。我国北宋沈括（公元1031—1095年）在《梦溪笔谈》中称“近延州永宁关大河岸崩，入地数十尺，土下得竹笋一林，凡数百茎，根干相连，悉化为石”。“悉化为石”是现代所用的“化石”一词。我国古代对古生物化石的认识和论述，在成书于春秋中叶至战国时代（公元前500—公元前300年）之间的《山海经》中就有记述，它是我国最早记载化石的古代文献。在《山海经·中山经》记载：“又东二十里，曰金星之山，多天婴（又名九婴），其状如龙骨，可以已痤。”这说明龙骨在几千年前已被祖先用作中药，是“龙骨”一词的由来。《山海经·海外西经》中指出：“龙鱼陵居在其北，状如狸，一曰鰕，即有神圣乘此以行九野。一曰鳌鱼在夭野北，其为鱼也如鲤。”这是我国最早的关于鱼化石的记载，比希腊人鸠弗拉斯托斯（公元前374—公元前287年）在《石谱》一书中记载：“鱼化石是鱼卵散布于石，然后硬化成化石”的说法要早200多年。而对于象化石在《韩非子》一书中记载：“人稀见生象也，而得死象之骨，案其图以想其生也”。《后汉书·郡国志·南郡》中庐侯国注云：“荆州纪云：是杉县马头山，又县南15里有涑水，东流注沔。水中有物如马，甲如鲜鲤，射不可入……”。这是记述在水底岩石上发现的鱼化石。东晋末年（约公元410—419年），沈怀远在《南越志》（全书一卷十三节）第三则中有“衡阳湘乡县有石鱼山，下多玄石，石色墨而理若云母，发开一重辄有鱼形，鳞鳍首尾，宛若刻画，长数寸，鱼形备足，烧之，作鱼膏腥，因以名之”。他将鱼化石产地、形状、颜色及含鱼化石的岩石特点、鉴别鱼化石的方法，都作了介绍，这种鉴别方法在中国、在世界上是最早的。至今湘乡盆地古近系中盛产鱼化石。石燕是已绝种的海生无脊椎动物的腕足类化石，在东晋（公元375年）前后，罗含在《湘中记》中记载了湖南零陵的石燕化石。“石鱼在零云县，雷风则群飞翩翩然，其土人来采有乾者……”，又曰“石燕在泉陵县，雷雨则群飞然，其土人稀有见者”。北魏郦道元在《水经注》中说：“湘水又东北……其山有石，绀而状燕，因以名山，其石或大或小，若母子焉。及其风雷相薄，则石燕群飞，颉颃如真燕矣！”他在《水经注·卷三十八·连水注》中将产于湖南湘乡石鱼山的鱼化石叙述得更加具体详细。最早记载三叶虫化石的是东晋初年的郭璞（公元276—324年），他在《尔雅·释鸟篇》第十七注中说：“蝙蝠另名蠘虫墨，齐人用蝙蝠石作蠘虫墨砚”。琥珀最早记载当数《汉书·西域传》，称琥珀为“虎珀”，东汉王充（公元27—约97年），在《论衡》中对琥珀称为“顿牟掇介”。西晋张华（公元232—300年）的《博物志》卷四记载：“松柏脂入地千年化为茯苓，茯苓化为琥珀，琥珀一名江珠”。至唐代，韦应物写了著名的《咏琥珀》诗：“曾为老茯苓，本是寒松液，蚊蚋落其中，千年犹可觌”。这在1000多年前，实为难得和卓越的科学智慧，而松树能成为化石是公元3世纪西晋张华提出来的。唐代晚期诗人陆龟蒙在《二遗诗序》中的一首诗里提到浙江永康的松树化石，“东阳多名山，金华为最大；其间绕古松，往往化为石”。梁代陶弦景记述了含有蜂的琥珀。而欧洲人认识硅化木则约在18世纪。唐代颜真卿记述了江西南城麻姑山上石中有螺蚌壳。到了宋代早期，北宋的“百科全书”的作者沈括在其名著《梦溪笔谈》的第21卷《异事篇》中，记述延安一带的竹类化石，并据此分析了当时的古气候和古地理的变迁，而西方到19世纪40年代才使用物候的方法。沈括“将古证今”的论述，无疑对我国古代科学的发展和世界科学的进步作出了杰出的贡献。南宋朱熹在《朱子语录》中记载：“尝见高山有螺蚌壳或生石中，此乃旧日之土，螺蚌系水中之物。下者多变而为高，柔者却变而为刚，此事思之至深，有可验者”。我国明代伟大的地理学家徐霞客，他不但提出了植物印模化石，而且解释了它的形成过程。据近代地质学家章鸿钊的统计，从《汉书》至清代《大清一统志》的20部史书中共记载：“石鱼产地计20余处，石燕产地约40处，龙骨产地计20余处，其于蛎蚌、蛤蚌壳、蜂石、多福虫、石蟹、石莲子等亦复多所引载”。由上述可见，我国古代对化石的著述十分丰富，展示了化石科学和文化的精神内涵。在国外，15世纪意大利著名科学家达·芬奇提出了“化石乃生物之遗骸”的观点，17世纪英国科学家胡克提出化石的系统分类，18世纪意大利阿尔杜依诺、德国的帕拉斯等地质学家也提出类似看法和认识。与此相比，我国古代对化石的认识大约比西方早1000多年，并提出了对化石性质、形成等方面已经有很高水平或者接近近代科学的一些看法。随着科学的发展，“化石”一词才有较科学的含义，指那些在岩石地层中石化的动植物遗体。现代“化石”一词是指在每个地质历史时期，完全在自然作用保存的生物遗体、遗迹统称为“化石”。化石保存的类型很多，古生物学家按生物体分为实体化石、遗迹化石、模铸化石等，还有将保存在地层中由生物体分解而形成的有机物称为“化学化石”；按化石大小可分为大化石、微体化石、超微化石；按生物的种类分为动物化石、植物化石，其中又可分为若干亚类及无数的种。总之古生物学家对动植物化石都有系统的分类方案。古生物化石的时代是专指更新世即1.2万年以前的生物化石。恐龙蛋化石、驼鸟蛋化石属生物的遗物化石，蛋卵化石是一种特殊的遗迹，本身是生物器官的产物，又是繁殖后代的载体，一般不与产卵动物保存在一起，应为分离了的遗体。化石的保存条件极其严格，是一个非常复杂的过程，需历经几十万、几百万乃至几千万年，经过各种地质作用，才能形成化石。遗体能形成化石的极少，据有的古生物学家的估计，能保存成化石的仅是几千万分之一，故化石极为珍贵和稀有，具有重要的历史、观赏及科学、经济价值，是古生物学家、地质学家及其他有关科学家研究的对象，也是人们喜爱的观赏石化石，而形成一门专门的学科——生物地层学，对研究生物进化、古地理环境、古气候、地质找矿、地层年代及发展其他边缘科学、构建人类生态环境等具有重大的科学、经济及理论意义。

化石不仅记录了整个生物世界的演化过程，而且是地质历史事件的丰富信息的载体，是一部研究地球史的完整的不可取代的“地史日记”。我们不仅有责任去从事科学研究，揭示古生物的奥秘，更有义务投身于科学保护，再现消失历史时代的辉煌行动。要使古生物形成化石，多少代地质、古生物学家经过长期的探索研究，终于找到了答案，条件包括生物本身和外在地质因素，两者缺一不可，具体来讲，包括：①生物机体要具有一定的硬体即有骨骼、硬壳、贝壳等，硬体易于保存，在特殊情况下动物的排泄物及生理、生殖作用的排泄物，如皮肤、粪便等，也可形成化石，同时生物有大量的聚集居住和突然死亡（图 1-3）。②生物死后缺氧和快速埋葬的环境中，有利于非矿化动植物组织的保存，但还不能阻止微生物细菌引起生物遗体的腐烂作用，只有在无菌环境中才可保存软驱体组织。③适宜的古气候尤其是干燥气候条件下易形成间歇性的洪流作用，为洪泛平原沉积的发育和“洪泛事件”的形成，为生物体的保存，创造了良好的条件，使生物死亡后便于及时埋藏或形成干尸体。④生物体被掩埋后经过一定的地质时期，地壳下降，使生物体埋于地层深处，在适当的物理、化学和温度、压力及有利介质等的交代置换化学反应的硅化、碳化、钙化、蛋白石化等条件下，随着成岩过程和石化作用的成熟演化，岩石固结成岩，生物体此时则石化成化石。⑤在生物形成化石的全过程中，稳定的地质构造始终是化石保存完整性的重要一环。当生物死亡和掩埋及石化后，此时如发生构造运动，生物体或化石则会被搬运至别处，在不同水体和水动力中或在强烈的构造挤压、拉伸过程中，使其遭到破坏（图 1-4、图 1-5），或保存部分或被彻底损坏，这是化石保

图1-3 一窝鹦鹉嘴龙化石（辽宁）（张和等，2007）

图1-4 受挤压变形的恐龙蛋（河南）（路宁摄，2007）

图1-5 受挤压变形的恐龙蛋（河南）（路宁摄，2007）

存的最后一个重要条件。恐龙蛋化石大量集中原始保存，不但需要上述的一般条件，而且需要更多的其他因素才能形成如此壮观的恐龙蛋化石群局面。今天我们之所以能看到各个地质历史时期的各类化石，同样是地壳构造运动给我们作出的无私奉献。沉积物在成岩与化石在石化之后，岩层下沉到一定深处，此时地壳运动使地层上升，由于岩石抵抗风化侵蚀作用和硬度的差异，岩石剥落的速度不同，形成差异式风化，而保存化石的岩层一般又较软，在适宜或和谐的构造运动过程中，化石就暴露到地表，而被人们发现。因此应该感谢大自然这个科学巨匠、艺术大师，是它以宏大的气魄、惊人的手笔创造出无数的惊天动地的奇迹和绚丽多彩的自然景观。

1.2.2 恐龙蛋化石

恐龙蛋的形状多种多样，千姿百态，一般有圆形、扁圆形、椭圆形、长柱形、圆柱形、橄榄球形、哈密瓜形、长形及其他形状，大小不等，最大长径达 61cm 以上，小者直径只几厘米，颜色也变化多端，表面的颜色多随含蛋沉积物颜色的变化而不同，常见有灰、褐灰、黑灰、土黄、灰黑、紫褐、浅灰褐等多种颜色。恐龙蛋壳由碳酸钙和少量有机质、硅质等组成，这种成分和结构在成岩过程中经过地下水中钙、硅等离子的交换，使蛋壳变得致密坚硬，更易于形成化石而保存下来。蛋壳的结构一般由外层的柱状层和内层的锥体层及气孔道构成蛋壳的基本类型，在演化中一些进步类型的恐龙蛋，其两者之间还存在过渡层。它们常以不同的形态组合，而组成很多不同显微结构的蛋壳，古生物学家就是根据蛋壳形态及显微结构的类型，将恐龙蛋进行分类。一般来说恐龙蛋壳的结构基本上可以分为鸟蛋型、龟蛋型、蜂窝型 3 大类。多数恐龙蛋化石的蛋壳表面类似龟裂的裂纹十分发育，而少数恐龙蛋化石裂纹不发育或基本没有，可能与沉积物性质和沉积环境、成岩过程及恐龙本身的生理机能等因素有关。有的人总认为恐龙蛋化石切开后有蛋黄、蛋白等物，这是一种误解，在恐龙蛋被埋藏后，在成岩过程中，在地下深处温度、压力及地下水等作用下，液体物质通过气孔或破裂面与外界的沟通后，液体早就不复存在，而蛋壳中只会存在同埋藏层一样的沉积物或在适宜条件下地下水交代形成的碳酸钙——方解石。只有各种沉积和成岩时形成的结核，有时具有圈层构造和“核心”，这是与结核的成因有关，不像是火山弹一样的圆圈构造（图 1-6）。有些蛋壳表面具纹饰。基本有瘤点状纹饰、断线状纹饰、瘤点线结合纹饰 3 种，这类有纹饰的蛋一般属于长形蛋、巨形蛋、橄榄形蛋等。

在日常生活中经常有人会问，恐龙那么大，而蛋那么小？恐龙是中生代的超级霸王，最大的恐龙长度有 20 ～ 40m，站起来有 3 ～ 5 层楼高，重量在几十吨到 100 吨。可是最大的恐龙蛋长径最大不超过 61cm，最大短径在 27cm，圆形的恐龙蛋最大直径则在 22cm 以内，一般的在 12 ～ 18cm 间，有人曾初步估算恐龙与恐龙蛋大小的比值，一般的在 30：1 ～ 1000：1 或更大。恐龙蛋大了，蛋内蛋黄多，内压力较大，蛋壳极易破碎，如果蛋壳太厚，则蛋内与外界氧气的交换非常不畅，且被孵化的小雏恐龙出壳十分困难，不利于恐龙的繁殖。而恐龙的蛋不大，与恐龙大小比例悬殊，这是为什么呢？除极少数恐龙如美颌龙只有鸡那么大以外，大部分都是庞然大物，古生物学家经过对恐

图1-6 火山弹(a)、圈层状结核(b)(赵树林摄，2008)

龙骨骼结构、构造的研究、探索，才发现恐龙终生都在生长。原来，恐龙的受精卵发育成胚胎和幼体后，一直不停地长身体，活到老，长到老，永不停息地生长。但随着恐龙年龄的增长，恐龙的生长速度便不断地发生变化，在生病和食物极度短缺的情况下，恐龙就会暂时停止生长或死亡，由于恐龙具有这种生理功能和机能，故我们看到的恐龙都是比较大的，这就不足为奇了。

1.3 恐龙蛋化石在我国的主要产地

我国恐龙蛋化石的主要产地，据初步统计，约70个地区或盆地，遍布17省(区)，占我国34个省(区、市、自治区)的一半，面积约612.66万km^2(按各省面积的总和计算)，占我国中新生代盆地总数约1/5(表1-1、图1-7)。

表1-1 中国恐龙蛋化石产地一览表

序号	省(区)名	产地	层位	恐龙蛋化石名称
1	湖南省	衡阳盆地	戴家坪组	二连副圆形蛋相似种、长形长形蛋、瑶屯巨形蛋
		茶永盆地	戴家坪组 (或车江组)	安氏长形蛋、长形长形蛋、瑶屯巨形蛋、副圆形蛋未定种
		常桃盆地	分水坳组	长形蛋未定种、大长形蛋、瑶屯巨形蛋、湖南丛状蛋、洞庭桃源蛋、沅水长形蛋
		沅麻盆地	锦江组	恐龙蛋
2	江西省	赣州盆地	南雄组	粗皮巨形蛋、椭圆形蛋未定种、长形蛋未定种、副圆形蛋未定种
		吉(安)泰(和)盆地	灌溪群	长形长形蛋、长形蛋相似种、巨形蛋未定种、副圆形蛋未定种
		上饶、玉山、广丰地区	圭峰群	长形长形蛋 、长形蛋未定种、副圆形蛋未定种
		德安地区	上白垩统	恐龙蛋
		萍乡白源镇	上白垩统	恐龙蛋
		信丰、池江一带	南雄组	副圆形蛋未定种、粗皮巨形蛋
3	新疆维吾尔族自治区	吐鲁番盆地	苏巴什组	金刚口椭圆形蛋相似种、椭圆形蛋未定种、二连副圆形蛋相似种
		鄯善地区	鄯善群	恐龙蛋
		奇台(将军庙)地区	鄯善群	副圆形蛋未定种、长形蛋未定种
		呼图壁一带	上白垩统	长形蛋未定种
4	山东省	莱阳盆地	王氏组	二连副圆形蛋、金刚口椭圆形蛋、三条纹椭圆形蛋、混杂纹椭圆形蛋、单纹椭圆形蛋、薄皮椭圆形蛋、安氏长形蛋、长形长形蛋、将军顶椭圆形蛋、厚皮圆形蛋
		诸城盆地	王氏组	长形蛋未定种
5	内蒙古自治区	二连盆地	二连达布苏组	二连副圆形蛋、长形蛋未定种、巨形蛋未定种、树枝蛋未定种
		乌拉特后旗	牙道黑达组	长形蛋未定种
		巴音满都呼	牙道黑达组	戈壁棱柱形蛋

续表1-1

序号	省(区)名	产地	层位	恐龙蛋化石名称
6	安徽省	宣南、南陵盆地	宣南组	长形蛋未定种
		泾县地区	宣南组	长形蛋未定种
		贵池地区	宣南组	粗皮巨形蛋、椭圆形蛋未定种
		黄山齐云山、太平湖地区	小岩组 徽州组上段	渭桥椭圆形蛋、黄土岭椭圆形蛋、太平湖长形蛋
7	宁夏自治区	阿拉善左旗*	白垩系	宁夏蜂窝蛋
8	辽宁省	昌图地区	上白垩统	恐龙蛋
		黑山地区	上白垩统	恐龙蛋
		铁岭地区	上白垩统	恐龙蛋
9	吉林省	东部地区	上白垩统	恐龙蛋
		长春一带	上白垩统	恐龙蛋
		吉林盆地	上白垩统	恐龙蛋
10	陕西省	山阳盆地	山阳组	长形长形蛋、粗皮巨形蛋、金刚口椭圆形蛋相似种、山阳山阳蛋、细层状副圆形蛋、瑶屯巨形蛋、过风楼鳞片蛋
		商南-丹凤盆地	李家村组	副圆形蛋未定种 、圆形蛋未定种
11	广东省	南雄盆地	南雄组	粗皮巨形蛋、瑶屯巨形蛋、巨形蛋未定种、安氏长形蛋、长形长形蛋、长形蛋未定种、主田南雄蛋、金刚口椭圆形蛋相似种、薄皮椭圆形蛋相似种、椭圆形蛋未定种、始兴蛋、坪岭松果蛋
		广州-三水盆地及番禺、南海平洲一带	三水组	副圆形蛋未定种、长形蛋未定种
			白鹤洞组	圆形蛋未定种
		茂名盆地	铜鼓岭组	巨形蛋未定种、椭圆形蛋未定种、长形蛋未定种
		河源盆地	南雄组	副圆形蛋未定种、圆形蛋未定种、长形长形蛋、树枝蛋未定种
		惠州盆地	上白垩统	圆形蛋未定种、长形蛋未定种
		梅县白渡盆地	上白垩统	椭圆形蛋未定种

*原文资料如此。实际应属内蒙古自治区管辖。

续表1-1

序号	省(区)名	产地	层位	恐龙蛋化石名称
12	江苏省	溧阳地区	上白垩统	恐龙蛋
		宜兴张渚镇	上白垩统	长形蛋未定种
13	湖北省	郧县青龙山及梅铺、刘洞镇等地	高沟组	红寨子树枝蛋、土地庙树枝蛋、王店树枝蛋、青龙山似树枝蛋、红坡网格蛋、宁夏蜂窝蛋、二连副圆形蛋、汉水棱柱形蛋
		竹山、房县、郧西地区	上白垩统	恐龙蛋
		随州、枣阳地区	上白垩统	恐龙蛋
		安陆地区	公安寨组	王店树枝蛋
		恩施盆地	恩施组	恐龙蛋
		来凤-龙山盆地	恩施组	瑶屯巨形蛋
		宜都一带	跑马岗组	瑶屯巨形蛋
14	浙江省	金华盆地	衢县组	副圆形蛋未定种
		天台盆地	赤城山组	二连副圆形蛋相似种、长圆柱蛋未定种
			两头塘组	蜂窝蛋未定种
		衢州梓潭镇	衢县组	副圆形蛋相似种
		义乌、龙游一带	上白垩统	恐龙蛋
		丽水城北	方岩组(？)	恐龙蛋
		江山市城区	上白垩统	恐龙蛋
		永康地区	上白垩统	蜂窝蛋未定种
		临海一带	上白垩统	恐龙蛋

续表1-1

序号	省(区)名	产地	层位	恐龙蛋化石名称
15	河南省	西峡盆地	寺沟组	副圆形蛋未定种、副圆形蛋新种
			马家村组	副圆形蛋未定种、二连副圆形蛋相似种、树枝蛋未定种、三里庙树枝蛋、椭圆形蛋未定种、圆形蛋未定种、戈壁棱柱形蛋、南雄蛋未定种
			高沟组	西峡长圆柱蛋、树枝蛋未定种、分义树枝蛋、赵营树枝蛋、树枝树枝蛋、夏馆杨氏蛋、西坪杨氏蛋、蜂窝蛋未定种、蜂窝蛋新种、滔河扁圆蛋相似种、副圆形蛋未定种、二连副圆形蛋相似种、阳城副圆形蛋、内乡网格蛋、红坡网格蛋
		淅川盆地	寺沟组	长形蛋未定种、长形长形蛋相似种、安氏长形蛋相似种
			马家村组	金刚口椭圆形蛋、金刚口椭圆形蛋相似种、二连副圆形蛋、主田南雄蛋、滔河扁圆蛋
			高沟组	淅川树枝蛋
		李官桥盆地	胡岗组	安氏长形蛋、长形长形蛋、瑶屯巨形蛋、瑶屯巨形蛋相似种
		夏馆盆地	夏馆组	夏馆杨氏蛋、副圆形蛋未定种、椭圆形蛋未定种、长圆柱蛋未定种
		五里川盆地	朱阳关组	石嘴湾副圆形蛋、副圆形蛋未定种、椭圆形蛋未定种、夏馆杨氏蛋、蜂窝蛋未定种、树枝蛋未定种
		平昌关盆地	周家湾组	安氏长形蛋、长形长形蛋、副圆形蛋未定种
		罗山盆地	周家湾组	长形长形蛋、安氏长形蛋、椭圆形蛋未定种
		灵宝盆地	南朝组	瑶屯巨形蛋
		杨集盆地	上白垩统	副圆形蛋未定种
		召北盆地	好汉坡组	树枝蛋未定种
		汝阳盆地	上白垩统	恐龙蛋
		潭头盆地	秋扒组	长形蛋未定种
		卢氏盆地	上白垩统	副圆形蛋未定种
16	四川省	长宁县一带	不明	恐龙蛋
17	甘肃省	渭源及武都一带	不明	恐龙蛋

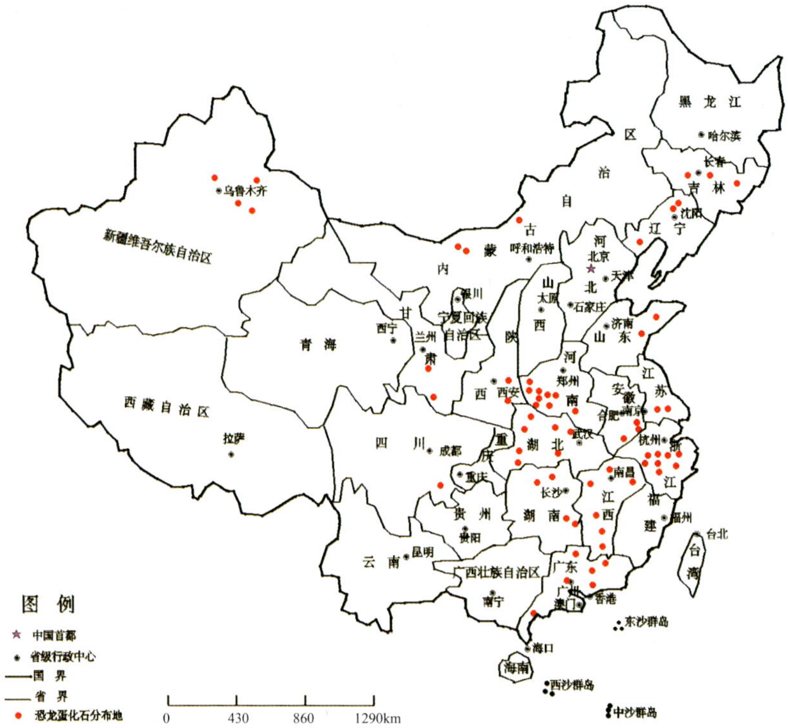

图1-7 中国恐龙蛋化石分布示意图

1.4 恐龙蛋化石的研究历史及意义

1.4.1 发现与研究简史

恐龙蛋化石的发现及研究，经历了一个漫长而曲折的过程。自1859年法国牧师和法国地质学、古生物学的先驱波奇在比利牛斯省的洛口地区，意外发现了恐龙蛋碎片(估计直径在18cm，与此同时在英国也发现了恐龙蛋碎片)，十年后的1869年，法国地质学家马瑟龙又发现一枚近于完整的蛋，认为属于禽龙的蛋，事过8年，于1877年巴黎自然历史博物馆的解剖学家杰拉维斯对其作了进一步的鉴定和显微结构研究，认为其结构与龟鳖蛋类相似，推断可能属于蜥蜴类中高龙的蛋，蛋的直径约30cm，在相当长时间内被认定为当时世界上最大的恐龙蛋。杰拉维斯的研究是相当严谨的，他是世界上最早研究恐龙蛋化石的科学家。1908年在葡萄牙发现了恐龙蛋化石，1913年美国也有恐龙蛋碎片发现。1957—1964年，在洛河口和其他地区断续发现完整的恐龙蛋和蛋壳碎片化石，其显微结构与龟蛋相似，并且蛋的直径在20cm左右，表面上分布着密集的瘤状纹饰，且在同一地区找到恐龙骨骼化石，直到1968年，Voss-Foucae确定其中部分蛋化石可能为巨齿龙的蛋。只因那时关于恐龙蛋和恐龙的科学研究还不深入，而被人们忽略而已。1978—1988年的10年间美国的马凯拉和霍纳两位恐龙蛋专家，在美国蒙大拿州的“龙蛋山”，进行了艰苦的发掘和研究，发现了北美第一个恐龙胚胎化石和许多孵化的恐龙蛋、“恐龙婴儿”，还有许多成窝的恐龙蛋，以及恐龙筑巢和亲子行为的研究成果，使全世界为之震惊。古老的中亚大陆戈壁浩瀚，沙海一片，一直诱惑着地质学家、古生物学家。在美国纽约自然历史博物馆馆长古脊椎动物学家奥斯朋的指示和支持下，由查普曼·安德鲁斯负责到戈壁去寻找古人类化石，因为奥斯朋相信中亚是人类起源的发祥地。1921 年安德鲁斯来到中国，他们将总部设在北平（今北京），于 1922 年初组成 45 人的中亚考察队开始了古人类寻找探索之旅。考察队千辛万苦，却始终没有在蒙古大戈壁找到古人类化石，而意外发现了大量恐龙骨架和恐龙蛋化石，成了当时恐龙研究历史上具有划时代意义的大事。在吴启盆地找到了亚洲特有的鹦鹉嘴龙。在山伯拉克乌苏（巴音扎达）盆地的深谷的红色砂岩，在阳光照耀下，散发着灼热的红光，犹似《西游记》中描述的火焰山，安德鲁斯称之为“焰崖”，现在蒙古人称其为巴音扎达，他们在那里发现了原始的成年个体原角龙类，在“焰崖”轰动世界的还是成窝恐龙蛋的发现，当时被认为是天下的奇闻和奇迹，因而在理论上和实际上，人们开始相信恐龙是爬行动物，爬行动物是产蛋的，所以恐龙是会下蛋、筑窝的，揭开了长期压在人们头上的恐龙是胎生还是卵生的迷惘。这窝蛋是长形蛋，共有 9 个，长径约 10.5cm，横径约 5.0cm，蛋壳厚约 1mm，认为是原角龙下的卵。并在一枚蛋的上部有一小恐龙的骨架，当时认为此骨骼恐龙是吃恐龙蛋的恐龙，便称它为“窃蛋龙”。这是中国发现恐龙蛋的最早记录。

随后在 20 世纪 30 年代初期，日本人在沈−大铁路泉头与双庙子站之间，发现 10 多枚恐龙蛋，其中一枚长 83.5mm，目前可能存放在大连自然博物馆内。科学是发展的，人们认识真理的过程，就是一个连续不断的实践、创新，使认识逐步完善发展的链环，对于变成化石的恐龙蛋的认识更需要漫长的时期。

我国恐龙蛋化石真正意义上的中国人发现，是我国原中国科学院院士古脊椎动物与古人类学家、国际古生物学会副主席周明镇教授。1950 年，在周明镇教授的带领下，山东大学地质系的学生到莱阳盆地实习，在距将军顶 4km 处的金刚口村的冲沟里发现恐龙和恐龙蛋化石（图 1-8）。周明镇将此消息告诉杨锺健教授，并于 1951 年进行了发掘。后杨先生于 1954 年发表了《山东莱阳蛋化石》和 1958 年发表了《山东莱阳恐龙化石》专著，周明镇也于 1954 年发表了《山东莱阳蛋化石的微细构造》一文，首创了我国恐龙蛋化石的显微结构研究。这是中国独立自主的研究恐龙蛋化石的开始。1958 年甄朔南、王存义等在山东

图1-8 将军顶椭圆形蛋（山东莱阳）（赵资奎，1974）

莱阳又发现成窝的恐龙蛋化石。1962—1964 年，中国科学院古脊椎动物与古人类研究所，在广东南雄、始兴一带工作时，发现了当时蛋化石最丰富的南雄地区。

另外北京自然博物馆在江西赣州、泰和也发现了和南雄相同的蛋化石。经杨锺健院士连同蒙古、新疆和湖南茶陵的蛋化石的研究，作出了分类，定名为粗皮巨形蛋、长形蛋、圆形蛋、南雄蛋、原角龙蛋、厚皮蛋等，并且研究了恐龙蛋的古生态、地层意义及蛋化石的归属问题，开启了恐龙蛋化石古生态特征研究的先河。1974 年，赵资奎等根据在中科院古脊椎动物与古人类研究所、北京自然博物馆、天津自然博物馆及长春地质学院等单位收藏的完整或基本完整的 92 个蛋化石及一大批蛋壳碎片，在杨锺健、周明镇等研究的基础上，用显微镜方法对山东莱阳恐龙蛋化石做了再研究，提出了蛋壳显微结构的一般特征，蛋壳内外层命名和分类命名意见等，并讨论了蛋化石与王氏组的关系。赵氏 1975 年进一步研究广东南雄恐龙蛋化石的显微结构，兼论恐龙蛋化石的分类问题，此时他比较系统地提出了新的分类命名意见，他认为杨锺健在研究我国恐龙蛋化石时，对不同类型的蛋化石一律用 *Oolithes* 加上一个种名来表示，又根据与蛋化石共生的动物化石推测它们属于那一类恐龙下的蛋，此方法不能表示已经有的不同种类蛋化石之间在形态特征上的差异和相似程度，因此在命名和不同种类蛋化石的对比研究、实际应用等方面，产生不可避免的困难。这种分类有推断所带来的人为性和主观性，并不具备真正的属与种的意义，只是为了区别而给予的一个名称和拉丁化的符号而已。赵资奎等在开始研究山东莱阳恐龙蛋化石分类时也采用了同样的方法，但是他们把恐龙蛋化石的分类提上了议事日程，开始了分类的基础工作，在认识上是具有开创性意义的。1967—1971 年间原苏联学者 Couaba 根据蒙古东部、南部及北部等地发现的蛋化石，按照气孔道的形态分为窄管道、裂隙形管道、多孔道管道 3 种类型，又将前两种归为鸟蛋型壳，法国南部比利牛斯(provence)的蛋化石归为龟型蛋壳，前者属鸟臀类，后者属蜥臀类，该分类方法同样不能将自然界众多类型和复杂结构的恐龙蛋区分，即不能对分类特征的可变性和稳定性客观地进行反映，故在具体运用中同样解决不了复杂的事实。20 世纪 70 年代初期，根据在蒙古东戈壁的恐龙蛋化石里发现的动物胚胎骨骼，认为属于原角龙的蛋，因此，他把分类寄希望于发现蛋化石的胚胎骨骼方面(图 1-9)，但对于解决蛋化石的归属问题的作用的大小则值得研究。恐龙蛋化石数量较多，CT 扫描十分复杂，恐龙蛋化石本身发现的胚胎十分罕见，同时恐龙在胚胎或幼体成长期间，发育极不完全或不完善，与成熟个体会有一定区别，因此企图通过检测蛋内胚胎骨骼的方法来确定恐龙蛋化石的种属问题，困难同样存在。

总之上述各种方法，无法表示不同种类的恐龙蛋化石间在形态特征上的差异性和相似性程度的统一，也不能进一步研究恐龙蛋化石的古生态环境和地层划分及时代意义的确定。

我国学者赵资奎在继承杨锺健、周明镇两院士和总结外国学者分类的优缺点的基础上，发展创新，认为恐龙蛋是爬行动物在生物演化阶段中适应环境变化的产物，不同的阶段具有不同的特点。他借助现代鸟类和某些爬行动物蛋壳形态和成分研究的成果，从形态比较解剖它们的分类地位，使之符合演化方向和亲缘关系，在脊椎动物化石研究中发现的骨、牙齿等部分，一般可以按照动、植物

图 1-9 恐龙胚胎骨骼(内蒙古)
(张和军,2007)

的分类系统归属该纲、目、科及属、种。蛋化石是爬行动物的卵,属于遗物化石,在分类学上不能把它们在形态结构方面和骨化石联系起来,更不能确定它们属于那一种动物的蛋。基于上述考虑,赵氏在 1975 年、1979 年,根据我国众多的恐龙蛋化石与形态结构相似和相异特征的程度及其演化、发展趋势,提出了恐龙蛋化石特殊的系统分类,并按照当前国际上动物分类方法和通用的双名法命名原则,正式将它们按科、属、种等的分类等级,划定于一个分类系统的框架内,这些单元同样具有分类学上种和属的意义。种是一个自然的类,是由其他系统分化出来具有独立进化倾向的遗传系统,属是由一群关系密切或亲近的种组成,而科是由一群相关的属或亲近的属组成,并在属名的词尾一律冠以 -*Oolithus*。后在 1993 年、1994 年,赵氏又较全面总结了中国恐龙蛋蛋壳结构特征、形成和演化趋势,进一步阐述了恐龙蛋分类的理论和实践,补充完善了他的分类系统。自 1975 年至今近 40 年来,我国恐龙蛋化石的分类命名基本上采用了赵氏的分类方案,在国际上也有重要的影响。此分类方案,在目前不但可以将众多不同种类的恐龙蛋作出区别比较,置于一个系统的方案内,纳于古生物学的分类体系,而且在地层划分、时代界定、地质找矿等方面具有现实意义。这个分类方案在实际鉴定过程中还不严密、完善和野外不便于分类确认,也不代表动物的自然分类等问题,尽管如此,他的分类方法和方案在目前是科学实用的,也是目前最适合的分类,有着独到和创新的见解,在国内外古生物界受到了广泛的高度评价。已在我国和国际上恐龙蛋分类中得到广泛应用。与此同时,他根据广东南雄恐龙蛋壳的病理结构、微量元素富集和严重的干燥气候的特点,提出了恐龙绝灭原因的新观点,还对山东莱阳恐龙蛋化石的稳定同位素组成作了研究等。周世全根据河南独具特点的恐龙蛋化石群,对恐龙蛋的古生态特征和恐龙绝灭问题等进行了研究,并提出了一些新的见解。由于赵资奎几十年的不懈努力,积极探索,并带动全国的研究人员努力工作,把我国恐龙蛋化石研究推向了一个新的阶段。目前,我国已经形成了一门专门研究恐龙蛋的古蛋类学,并有一支从事恐龙蛋化石研究的专业群体,使恐龙蛋化石研究从"金字塔"中走向了大众,冷落的局面变成了人们关心熟悉的世界。

中国是世界上恐龙蛋化石非常丰富的国家，在数量、类型、分布、保存完整等方面，都是世界上独一无二的，而且有不少类型是我国所特有的，还有良好的白垩系与古近系界线剖面。目前我国保护工作正在紧张有序地进行，现已建立国家级自然保护区3个，特别是河南西峡恐龙蛋化石自然保护区已经成了“伏牛山世界地质公园”的重要组成部分，省级保护区数处，市、县级保护区数十处。因此，在恐龙蛋化石研究的领域内我国将会有一个新的发展历程和一个新的高潮。

1.4.2 恐龙蛋化石的研究意义

恐龙蛋化石是古生物化石的重要组成部分，属于爬行动物恐龙的遗迹化石。生命是一种物质存在的一种表现，遗传实际上是基因的转录，具有较好的稳定性，使它的性状系统发展，同时又具可变性，以适应生态环境的变化。变异是生物进化的动力，协同进化是生物演化发展进化的原则，而它的进化和变异是具有演化阶段和不同的发展过程的。恐龙蛋化石与其他古生物化石一样，是地质学、古生物学和古环境学研究的对象。对于中生代地层的划分和时代的确定、地质找矿与古地理环境、古气候以及恐龙绝灭在给人类提供启示和借鉴等方面，都具有重要的科学与理论现实意义及经济意义。

(1)恐龙蛋化石是确定和划分红层时代的证据

恐龙蛋化石是地球历史档案的组成部分，是沉积地层史的真实记录，是地层中的特殊文字，是人类开启地球迷宫的一把钥匙，地层就是天然的巨大的地质大史书。我国的大多数中生代地层中化石比较少，采用同位素钾–氩法、铀–铅法等方法测定红层绝对年龄，在实际工作中采样极为困难或者找不到试验样品，因此，在研究红色地层年代时，就基本上不采用或少用此类方法。而放射性碳(^{14}C)法，只能准确测定最近5～6万年所发生事件的年代，而中生代红层年代在6500万年以前。古地磁比较适合，但十分麻烦，因此划分红层特别是中生代与新生代的界限及白垩系的划分，古生物地层学方法即用古生物演化阶段系列对应红层来确定沉积物的形成时代，是地层学普遍使用的方法。根据大量的研究成果，目前恐龙蛋化石在全球，特别是在我国广东、山东、湖南、江西、河南、内蒙古、湖北等省(区)来看，只有阿根廷发现过三叠纪晚期和南非晚三叠纪地层中埃利奥特组找到迄今为止最早的恐龙蛋化石，一窝有6个，还在3个蛋中发现恐龙胚胎遗骸，其次在美国新墨西哥州的晚侏罗世地层中发现肉食类恐龙蛋化石外，其他基本上产于白垩纪地层中，而且主要是晚白垩世沉积中，因此，恐龙蛋化石可以作为中国中、新生代地层界限及上白垩统划分的依据，也是上、下白垩统区分的主要标志，对于全球中、新生代地层及上白垩统的划分，也都具有“断代分统”的普遍性和实际意义，因而成为“标准化石”，可在全球和我国分布广泛的白垩纪红层进行对比。

(2)根据地层时代指导沉积矿产寻找

在我国350多个大、中、小型中、新生代盆地中，大于10 000km^{2}的盆地有61个，1000～1000km^{2}的盆地有130多个。盆内红层十分发育，蕴藏着丰富的石油、煤、油页岩等能源和石膏、石盐、粘土、天然碱、钾盐、膨润土等非金属及铜、铀等矿产。找矿要根据成矿规律或成矿条件，包括地层、构造、岩浆岩、变质作用及温度、压力等因素。地层尤其对于层控的沉积、变质矿床来说是首要的前提。恐龙蛋化石是确定红层时代的重要依据，是白垩纪的“标准化石”，地层时代确定后，就可对应地去该地层中寻找某种矿产。在此基础上，具体分析其他成矿条件后，针对性地进行找矿，这样既可减少盲目性，增加可靠性，又可减少经济损失，起到了事半功倍的效果。

(3)恐龙蛋化石是古气候、古地理环境研究的重要载体

古气候是地质历史时代气候变化和特点的反映。恐龙蛋化石与其他古生物化石一样，蕴含了大量信息，是研究古气候和古地理环境的重要证据和材料。蛋壳能保护胚胎，防止蛋内物质蒸发和为胚胎发育提供代谢的矿物质和营养，为胚胎发育营造一个较好的、稳定的环境，是脊椎动物演化中在繁殖上对环境的一种适应，为爬行动物在陆地上生活提供了条件。在地质历史演化发展过程中，生态环境特别是气候的转化改变，蛋壳的结构和作用也要相应地调整，以适应生存对环境的依赖，这是爬行动物为适应陆地环境而演化进步的结果。近20年来，赵资奎在研究广东、河南、内蒙古、江西等地蛋化石时，对恐龙蛋壳气候的适应性作了研究，认为自下而上各类恐龙蛋的结构、气孔道系统等，在保持蛋内水分蒸发和维持胚胎温度等功能方面，都显示气候的变化和环境的改变。早期的蜂窝蛋壳的结构没有分化成锥体层和柱状层，最大的特点是具有一个与蜂窝相似发达的气孔道系统，可以认为是一种原始结构特征，演化史中间阶段的树枝蛋，蛋壳结构单位不完整，靠近蛋壳外表面处，各个柱状体的两侧互相融合，气孔道不很发育，形状也不规则，但绝大多数气孔并不与外界相通，这样能防止蛋内水分过多地蒸发溢出。圆形蛋类蛋壳由锥体层与柱状层组成，锥体间隙发育，气孔道不规则，中部往往膨大，单位面积内气孔数目比蜂窝蛋类的少；椭圆形蛋类同样由锥体层和柱状层构成，锥体排列十分紧密，柱状层也十分致密，气孔道较直且细，单位面积气孔数更少；长形蛋科的巨形蛋类，蛋壳由锥体层与柱状层组成，柱状层成波浪形，结构致密，气孔小且少，以减少蒸发，蛋为长形，在蛋黄占据的空间之外，还有足够可容纳蛋白的空间，保证卵水分的储藏，为胚胎发育创造一个稳定的环境。蛋壳结构的演化，从晚白垩世早期至中期、晚期都有各自的特点，说明早期的蜂窝蛋壳适应潮湿、炎热，伴有短期干旱的气候，稍后的树枝蛋的蛋壳结构，在较干旱、炎热的环境中，也可保证胚胎发育需要的水分，中后期的圆形蛋类、椭圆形蛋类的蛋壳结构更能适应干旱炎热的气候，晚期的长形蛋类、巨型蛋类蛋壳，认为是干旱炎热气候条件下形成的结构特点。恐龙产卵需要相对稳定的环境，既需要有利于蛋的保存和孵化，又要能迅速埋藏，水动力条件相对较弱，地面相对平坦，周期性或间断性的“洪泛事件”，带来大量粉细砂和泥质，形成洪泛平原、河漫滩沉积或滨浅湖边的沉积。这样的条件为恐龙产卵提供了有利场所，产蛋后又被下次洪泛带来的泥沙迅速掩埋，经过漫长的成岩作用后变成化石。它为塑造古地理环境提供了极好的实物材料。

(4)恐龙蛋化石是研究恐龙绝灭事件的重要依据

恐龙蛋化石大量产于晚白垩世地层中，在垂直剖面上从下至上都有分布，直到晚白垩世末期与古近纪交界处才完全绝迹。从河南、广东、山东等地纵向分布的情况看恐龙蛋化石从下部至上部，

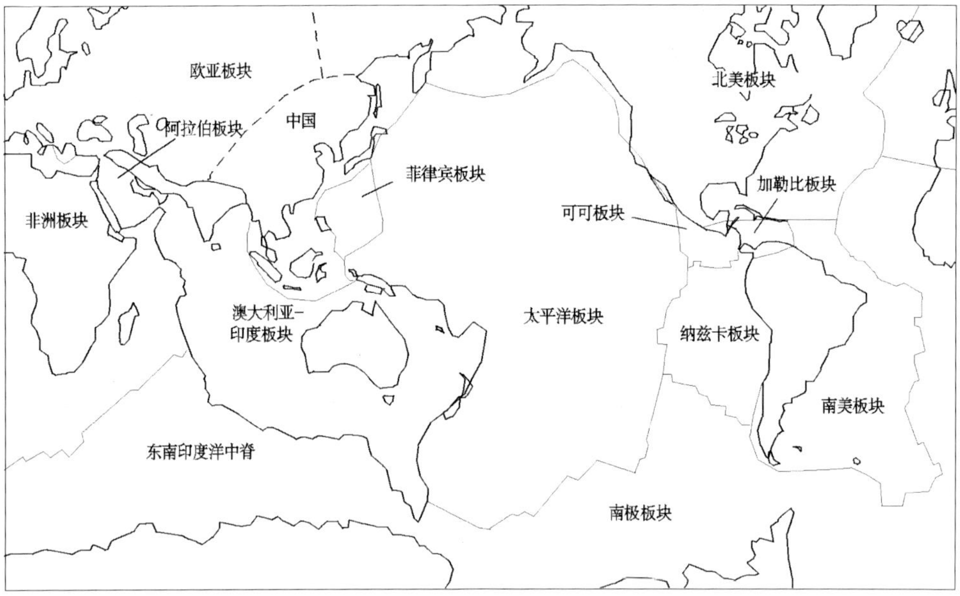

图2-3 全球板块构造示意图(王荃,1982,略加修改)

(太平洋、纳兹卡、可可三大板块为大洋板块)

经常性发生的地震、火山爆发等,当然是板块正在活动和大陆继续移动的有力证明。大陆飘移或板块的分离、会合和平移运动,给恐龙的生存环境和地理条件带来深刻巨大的变化,它们原本亲密生活在一起,现在被分割到了不同的大陆或板块之上。最早的恐龙出现于阿根廷的三叠纪中、晚期,即两亿多年前,之后便迅速向世界各地扩散,到了三叠纪晚期和侏罗纪早期(2 ～ 1.8 亿年),恐龙王国出现了第一个昌盛时期,此时"泛大陆"尚未全部分裂,恐龙可以在各板块之间迁徙,恐龙动物群是世界性的,在欧洲、非洲、亚洲和美洲等都发现了非常一致的恐龙动物群。随着晚三叠世与早侏罗世恐龙王朝的覆兴,恐龙历史上大分化新的一幕开始,至侏罗纪以后,恐龙成了当时动物界的真正统治者,成了地球上的主宰,无论在何处都有它们的身影,侏罗纪晚期与早白垩世时,全世界温暖、湿润的优越自然环境,给恐龙的发展提供非常有利的条件,恐龙真正达到兴盛时期,出现几十吨重、30 多米长的巨大蜥脚类恐龙,成为当时"动物王国"中的"巨头"。晚白垩世(0.65 ～ 0.96 亿年)是恐龙最后的帝国。恐龙家族有了戏剧性的发展,此时,陆地面积扩大,沼泽、湖泊发育,被子植物开始繁荣,大地飘散芳香,这种自然环境十分适合霸王龙、鸭嘴龙、甲龙和角龙等类恐龙的发展。少数的大型恐龙开始退出历史舞台,正在此时,也是恐龙帝国开始面临崩溃和最后走向灭亡的过程,恐龙的生理机能出现障碍,所以恐龙蛋大量集中分布。晚白垩世时期是恐龙蛋的全盛时期,形成了壮观宏大的局面,是古生物地史中最辉煌的一页。世界各地及我国对恐龙蛋的发现和研究证明,恐龙蛋化石除个别情况外,几乎都产在晚白垩世沉积物中,这正好说明恐龙蛋特别是未孵化的恐龙蛋大量集中存在,可能就为恐龙在白垩纪末、古近纪之前,即 6500 万年前的大绝灭事件,提供了直接和强有力的古生态环境和恐龙本身生理机能障碍是导致恐龙绝灭的绝好证据。

3 恐龙蛋化石家族大观

3.1 恐龙蛋化石的分类

在我国350多个大、中、小盆地中，含恐龙蛋化石的70多个地区，遍布我国17个省(区)，主要是河南、广东、内蒙古、新疆、江西、湖南、湖北、浙江等省，产地在1000处以上。恐龙蛋化石是一类罕见的地质古生物遗迹(物)和珍稀的古蛋类化石。我国的蛋化石具有分布广泛、数量巨大、类型多样、保存完美、状态原始等特点，在垂直剖面上具有不同的组合性及较好的白垩系与古近系界线地层剖面，还有世界上独有的长径在34.5～61cm，横径14～27cm的巨型长圆柱蛋化石(图3-1)。恐龙蛋化石含有大量的科学信息，全面记录了中生代特别是晚白垩世发展演化历史的历程，也是地球、天体和生命等科学信息的载体，有着巨大的科学价值和重要理论实际意义。其典型性、稀有性、系统完整性、代表性等是世界同类古生物遗物之首，可以说在世界上具有特殊的地位和突出的特色。恐龙蛋家族成员十分复杂，且成员极多。目前据不完全统计，世界上恐龙蛋品种在80种以上，而我国已有60多种，占世界总种数的70%以上。以上数字并不包括未研究定名的和定名未发表的资料，这样，恐龙蛋化石在今后会有更多的新品种问世。

图3-1 一窝长圆柱蛋化石(河南西峡)(周世全等，2005)

目前，世界上已发现的众多恐龙蛋化石，在形态上是多种多样、千姿百态的，但很难确定它是哪一类恐龙、哪类动物产的蛋。所以很多古生物学家根据一些蛋化石的形态特征进行简单的分类外，一般都是根据与之共生的动物化石来推断它是哪一类动物下的蛋，这样得出的结论很不可靠。在实践中，蛋化石很难或不可能找到与恐龙的亲密关系，这是因为有恐龙蛋的地方，不一定有恐龙骨骼化石与其在一块，或是一个窝内，蛋、骨骼两者有时距离又较远或根本就不在一起。总之，在实际工作中除少数情况外，很难找到恐龙和蛋在一个窝内共生，多数情况下，是有骨无蛋或有蛋无骨，抑或有多种不同类型的恐龙蛋而只有一种或两种恐龙骨骼，反之也是一样，还有在有蛋的地方，见到的骨骼化石十分破碎或根本无法鉴定。恐龙胚胎在恐龙蛋中十分稀少，恐龙雏骨、幼子与恐龙的成年个体也有很大的区别，由此，依据恐龙骨骼和恐龙胚胎对恐龙蛋化石的分类方法，在实际鉴定过程中，不可避免地遇到无法划分的困难或似是而非的困境，不可能体现生物体形态学上的相似性质和不同的差异性的总体特点。目前，在众多的分类方法中，赵资奎根据恐龙蛋化石在形态上具备的比较肯定的结构特征组合和微细结构特征的发展演化趋势，即生物遗传基因转录的稳定性和可变性的程度，按照当前国际上动物分类方法和通用的双名法原则，以科、属、种的分类等级，将恐龙蛋化石划定于一个分类系统的协同序列内。自 1975 年至今，我国恐龙蛋化石的分类命名基本上采用赵氏的分类方案，此方案可将我国众多不同类型的恐龙蛋化石做出比较鉴别，纳入古生物学分类体系，其分类系统如下：

1）长形蛋科
 ① 巨形蛋属
 ② 长形蛋属
 ③ 南雄蛋属
 ④ 鳞片蛋属[1]
2）圆形蛋科
 ⑤ 副圆形蛋属
 ⑥ 圆形蛋属
 ⑦ 松果蛋属
 ⑧ 始兴蛋属
 ⑨ 山阳蛋属[1]
3）树枝蛋科[2]
 ⑩ 树枝蛋属
 ⑪ 扁圆蛋属
 ⑫ 似树枝蛋属[3]
4）椭圆形蛋科
 ⑬椭圆形蛋属
5）棱齿龙蛋科[5]
 ⑭棱柱形蛋属
6）蜂窝蛋科
 ⑮ 杨氏蛋属
 ⑯ 蜂窝蛋属
7）网格蛋科
 ⑰ 网格蛋属
8）大圆蛋科
9）巨型长形蛋科[4]
 ⑱ 长圆柱蛋属[4]

恐龙蛋化石的种名请参考表1-1。

注：[1]鳞片蛋属、山阳蛋属，系张秋南、薛祥煦1996年命名；
[2]树枝蛋科与曾德敏等命名的丛状蛋科似属一类，此处未用曾氏意见；
[3]似树枝蛋属，系周修高1998年命名；
[4]巨型长形蛋科，系王德有、周世全1995年命名；
[5]该科后又改称伤齿龙科。

3.2 主要类型恐龙蛋化石图版

现将主要的各类恐龙蛋化石图版展列如下(图 3-2~图 3-12):

图3-2 长形蛋一窝(河南西峡,周世全摄,2007)

图3-3 粗皮巨形蛋一窝(广东南雄)(杨锺键,1965)

图3-4 二连副圆形蛋(山东莱阳)(杨锺键,1965)

图3-5 王店树枝蛋(湖北安陆)(赵资奎,1989)

图3-6 滔河扁圆蛋(河南淅川)(赵宏,1998)

图3-7 金刚口椭圆形蛋(山东莱阳)(杨锺键,1965)

图3-8　瑶屯巨形蛋(广东南雄)(张和等，2007)

图3-10　圆形蛋(河南西峡)(周世全等，2005)

图3-9　长圆柱蛋
(河南西峡)(岳子龙摄，2007)

图3-11　夏馆杨氏蛋(河南西峡)(周世全等，2005)

图3-12　宁夏蜂窝蛋(宁夏阿拉善左旗)(赵资奎，1976)

3.3 恐龙蛋壳的成分

在日常生活中，人们参观恐龙蛋博物馆或见到收藏者的恐龙蛋化石时，经常从嘴中自然地就说出，恐龙蛋跟鸡蛋、鸭蛋一样，外边是壳，里边应该是蛋黄、蛋白等。其物质成分是什么？问到我时，我感到所问不知所答，几千万年或1亿年左右的恐龙蛋经过成岩作用和自身的重量、大小、形状、蛋壳厚度等的变化，蛋内的液体物质早已不知流向何处，还会有什么蛋白、蛋黄，不过变成化石的恐龙蛋壳和蛋心是什么物质成分组成的，地质古生物学家经过分析研究，还是可以找到答案的。

3.3.1 矿物成分

恐龙蛋化石壳一般厚1.5～3.0mm，最薄的仅0.5mm，最厚可达6mm以上，各种不同类型不同种类的恐龙蛋化石，组成蛋壳的矿物成分比较复杂，但基本成分是相似的，只是含量上和种类上有些变化，一般蛋壳的矿物成分主要是方解石，属于碳酸盐类矿物，一般呈自形粒状、充填粒状结构，局部球粒结构，多数为不规则条带状或分枝状集合体构造出现。方解石一般可分两个期次，早期方解石组成蛋壳的主体，呈柱状和锥体状排列，柱状层犹似层状围绕在蛋壳的最外部，而锥体层犹如树枝状或其他形状分布在内层，两层之间有时会有很薄的过渡层，两部分的厚度比例一般1∶3～1∶7，局部1∶10左右，方解石颗粒直径一般在0.1～0.17mm，最大在1mm以上，解理清晰可见。早期方解石一般占平均含量的60%～85%之间，晚期的方解石颗粒细小，晶粒干净明亮，多数充填在早期方解石颗粒间或气孔道之间，一般含量5%～10%，少数达15%左右。其次有石英，平均含量在2%～5%，呈他形粒状，颗粒直径0.02～0.12mm，最大0.18mm，有时也可见次生石英，它充填于方解石颗粒之间；斜长石含量平均2%～3%，为他形粒状或自形板状，颗粒直径在0.08～0.3mm，有聚片双晶，晶纹细密；钾长石或微斜长石呈他形粒状或自形板状，颗粒直径0.08～0.10mm，两组解理完全，充填在早期方解石之间，含量在1%左右；其他尚有绿泥石和绿帘石，均呈他形粒状，颗粒直径0.01～0.08mm；还有少量粘土矿物蒙脱石、伊利石及绢云母、黑云母等，也有微量的铁质和有机质(碳质)，它们可占总量的1%～4%，部分次要和微量矿物可能是次生充填形成的。

3.3.2 化学成分

关于恐龙蛋壳的化学成分，我国目前已有的资料极少，且分析的化学项目较少。现根据河南西峡和广东南雄的化学分析资料作一介绍。西峡一带恐龙蛋壳的主要化学成分为CaO，含量在39.18%～51.63%，平均含量46.16%，与广东南雄的恐龙蛋壳CaO含量(48.8%～53.9%，平均值为50.7%)大体相似。次为SiO_2，含量一般在4.48%～6.15%，平均含量5.48%。另外，Al_2O_3含量在1.06%～3.04%，平均含量1.72%；MgO含量一般为0.61%～1.49%，平均含量0.894%；Fe_2O_3含量为0.28%～

0.47%，平均含量 0.373%；FeO 含量 0.23%～1.24%，平均含量为 0.60%；K_2O 含量 0.12%～0.28%，平均含量为 0.19%；Na_2O 含量 0.12%～0.19%，平均含量为 0.15%；MnO 含量一般为 0.04%～0.34%，平均含量为 0.14%；P_2O_5、TiO_2 含量极低，一般为 0.08%～0.13%；有机碳含量一般为 0.44%～2.77%，少数高达 4%以上(表 3-1)。

表3-1 西峡恐龙蛋壳化学成分表

编号、地点 (成分 / 含量(%))		CaO	Al_2O_3	SiO_2	Fe_2O_3	FeO	TiO_2	MgO	K_2O	Na_2O	MnO	P_2O_5	CrO_3	有机类	备注
01	三里庙	40.09												0.44～2.77	
02	南岗	39.18	2.36			1.04		1.04	0.28		0.06				
03	西营	47.01	1.78			0.67		1.38	0.19		0.04				
04	田营	43.38	2.49			0.86		0.71	0.23		0.15				
05	任沟	46.03	1.66			0.79		0.81	0.20		0.34				
06	三里庙	48.97	1.47			0.46		0.88	0.13		0.28				
07	刘营	43.97	1.27			0.47		0.61	0.14		0.15				
08	赵营	43.66	2.15			1.24		1.49	0.28		0.04				
09	花园	46.45	1.21			0.70		0.68	0.18		0.26				
10	张堂	51.63	1.13			0.51		0.70	0.16		0.04				
11	薛家湾	45.47	1.38			0.40		0.91	0.12		0.04				
12	马大垭	46.87	1.06			0.49		0.61	0.14		0.15				
化1	夏馆	51.00	1.31	4.48	0.28	0.23	0.064	0.86	0.15	0.12		0.08			
化2	赵营	48.99	3.04	6.05	0.47	0.25	0.13	0.97	0.26	0.14		0.09			
化3	任沟	49.69	1.72	5.90	0.37	0.29	0.07	0.86	0.20	0.19		0.02			
001		47.20	2.62	8.36	0.84	0.15	0.12	0.88	0.40	0.31	0.31	0.058	0.014		

3.3.3 微量元素

我国恐龙蛋壳中的微量元素分析工作，目前仅在广东南雄、河南西峡和陕西山阳等地作了一定的研究，但在众多的恐龙蛋种类中，只对瑶屯巨形蛋、副圆形蛋、树枝蛋等几种作过分析。依据上述三地的几种恐龙蛋分析实验结果，微量元素的种类大体有20多种，包括锶(Sr)、钡(Be)、硼(B)、镧(La)、锌(Zn)、钒(V)、砷(As)、钴(Co)、锗(Ge)、铱(Ir)、镍(Ni)、铷(Rb)、钇(Y)、铜(Cu)、钼(M)、铋(Bi)、铀(U)、钪(Sc)、铈(Ce)、镨(Pr)、钕(Nd)、锰(Mn)、镱(Yb)、铅(Pb)等。

微量元素在蛋壳中分布似有一定的规律，钒、钡、硼、锰、铈等主要分布在锥体层中，而铜、镍、钛在蛋壳中都有一定的含量，锶主要富集在柱状层内。在广东南雄、河南西峡、陕西山阳的蛋化石壳锶的含量较高，锶的富集主要与蛋壳中的方解石相关，二价锶是以类质同像形式进入方解石的晶体结构中，替代其中的二价钙离子，这是因为锶、钙同属元素周期表中第二族主族元素，两个元素离子半径相近，是锶置换钙的结果。并且由下而上呈增高的趋势，相应地钙含量逐渐降低。尽管蛋壳锶含量未广泛在各地区进行分析测试，但从整体趋势和恐龙蛋的绝灭事件看，我国各地恐龙蛋壳中含锶应该是普遍存在的。铱元素在广东南雄、河南西峡、江西信丰等地，也都呈高含量出现，1998年赵资奎等用放射化学中子活化分析方法，测定了广东南雄盆地K/T界线剖面恐龙蛋壳的铱含量一般为0.0116～0.0495ng/g，最高为0.0619ng/g，比背景值高出8～10倍。1996年闫宏涛等以催化激光热透镜光谱法测定了西峡高沟组内恐龙蛋壳中痕量铱，含量为1.62～2.38ng/g，并与火试金富集铈催化光谱法测量结果基本一致。1998年方晓思根据等离子光谱、等离子质谱分析结果认为，西峡蛋化石中铱含量已达到10^{-6}级，比已发现的K/T界线层中铱的整体含量要高两个数量级。张玉光等(2003)，在西峡盆地马家村组从下至上的地层内，采集恐龙蛋化石样品13个，对应的围岩样品6个，利用中子活化的分析方法，测定了它们的一般元素和微量元素，并在测试前进行了必要的程序处理，测试的元素主要有钙、铁、钾、钠、锌、铀、砷、钡及铱、锶等。结果表明，铱在恐龙蛋与对应的围岩中的含量普遍较高，越靠近该组上部铱含量相应较高。恐龙蛋壳中最高含量为0.0565ng/g，平均含量为0.0100ng/g，而对应围岩中的铱元素含量却高于恐龙蛋，最高含量为0.0656ng/g，平均含量为0.0326ng/g。铱元素是亲铁元素，在围岩中铱与铁的含量呈明显的正相关性，铁且高于恐龙蛋中铁的含量1～2个数量级，同时铱的高含量仅富集在产有大量恐龙蛋的晚白垩世地层中，这就向撞击理论的基础和依据提出了质疑和挑战。2000年6月，江西地质调查院在1∶50 000信丰幅区调中，于信丰盆地南雄群浈水组中的恐龙蛋壳中，分析出铱丰度异常，含量为0.013ng/g，高出背景值1倍以上。由此可见，铱元素在我国的恐龙蛋壳中可能都会普遍存在，只是由于目前工作和研究程度，而未得到证实而已。恐龙蛋壳内微量元素的污染程度、性质及其来源还不十分清楚，但推测可能是恐龙蛋被沉积物埋藏后，成岩作用过程中，微量元素通过蛋壳的气孔道或毛细管发生交换形成的结果。蛋壳次生的方解石和重结晶作用，为沉积物在成岩过程中元素的置换，提供了充分的证明。也可能与地层内的火山凝灰质有关，而主要的来源可能是微量元素通过食物链与环境物质交换，某些微量元素大量进入体内，恐龙引起生理机能病变，功能失调和新陈代谢作用，使微量元素沉积到恐龙蛋壳中，而无法正常繁育后代，是导致恐龙在白垩纪末绝灭的一个重要因素（表 3-2、表 3-3）。

表3-2　恐龙蛋微量元素含量表<1>

编号 \ 元素		Sr（×10⁻⁶）	Ba（×10⁻⁶）	Ca（%）	Mg（%）	K（%）	Ae（%）	Fe（%）	Mn（%）	La（%）	Zn（%）	B（%）	V（%）	Co（%）	Ga（%）
1	河南西峡	4040	155.2	28.0	0.63	0.23	1.25	0.73	516.7	63.8	44.1	18.8	13.8	3.2	2.9
2		5604	166.3	33.6	0.83	0.16	0.94	0.47	338.1	32.1	20.9	12.8	13.7	2.1	1.6
3		8857	155.0	31.0	0.43	0.19	1.32	0.60	1263	37.8	27.0	16.3	8.7	2.5	2.0
4		8620	152.1	32.9	0.49	0.17	0.88	0.55	2619	38.2	34.1	19.0	9.8	2.6	2.1
5		11010	2221.0	35.0	0.53	0.11	0.78	0.32	2200	34.8	26.4	15.9	9.8	1.8	1.3
6		4371	272.5	33.2	0.41	0.15	0.64	0.49	1962	25.8	12.9	19.7	10.4	2.3	1.9
7		4389	103.0	31.3	0.37	0.12	0.67	0.33	1247	100.6	25.5	17.6	9.2	1.9	1.4
8		1962	119.9	31.2	0.90	0.23	1.14	0.87	415.6	48.2	42.6	20.4	13.0	3.7	3.1
9		3757	200.3	36.9	0.42	0.13	3.60	0.36	349.2	29.4	31.0	16.3	7.8	1.9	1.3
10		2501	163.7	32.5	0.55	0.10	0.73	0.28	311.7	25.3	16.2	11.2	6.7	1.3	1.0

表3-3 恐龙蛋微量元素含量表<2>

编号	元素	Cu	Pb	Zn	Ag	W	Mo	Bi	Sn	Ni	Co	Mn	Ba	Cr	V	Ti	Sb	As	P	Y	Yb	Sr	Fe	Ae	Mg	Ca
光1	河南西峡	100	400	200	3.0	100	5.0	×	5.0	5.0	20.0	2000	500	100	100	500	×	×	100							
光2	河南西峡	60	5	60		0.1	2.0	0.10	3.5	110	110	7000	600	65	400	800	1.0	5.0	10	10	0.10					
CGD剖面	广东南雄	65	30	18							15	2000		1.8	75							3800				
S1	陕西山阳	5										100				200						3000	2000	4000	4000	＞10
S2	陕西山阳	3										100				600						7000	1000	10000	2000	＞10
S3	陕西山阳	3										100				400						10000	2000	2000	2000	＞10
S4	陕西山阳	5										100				400						1000	1000	10000	4000	＞10
S5	陕西山阳	5										200				300						700	2000	4000	5000	＞10
S6	陕西山阳	3										200				600						700	2000	20000	3000	＞10
S7	陕西山阳	5										200				600						600	4000	30000	3000	＞10

表1、表2、CGD剖面，S1~S7含量单位为10^{-6}，引自《中国南阳恐龙蛋》、薛祥熙等。

3.3.4 碳、氧同位素

碳、氧同位素组成，是识别古气候、古生物生存环境、沉积环境的重要参数之一。晚白垩世是地史上重要的干燥炎热的气候期，而陆相的白垩纪沉积比海相地层更有效地记录了古环境的信息。目前，我国红色地层特别是晚白垩世地层中恐龙蛋壳碳、氧同位素组成的研究，还处于初期发展阶段，只在山东莱阳、广东南雄、河南西峡、陕西山阳等盆地中的恐龙蛋壳作了碳、氧同位素研究。莱阳蛋化石的碳、氧同位素由赵资奎等对副圆形蛋、椭圆形蛋、长形蛋、圆形蛋 4 个类型的恐龙蛋作了测定，碳同位素（$\delta^{13}C$‰）为－4.81 ～－10.33，氧同位素（$\delta^{18}O$‰）为－4.47 ～－8.42。广东南雄坪岭组的蛋化石由杨卫东作了研究，其结果为碳同位素（$\delta^{13}C$‰）为－9.93 ～－11.06，氧同位素（$\delta^{18}O$‰）为－5.00 ～+1.148。西峡盆地高沟组、马家村组内的恐龙蛋壳碳、氧同位素由朱光有等测试，样品数为 15 个，主要是树枝蛋、副圆形蛋类等，碳同位素（$\delta^{13}C$‰）为－5.26 ～－7.79，氧同位素（$\delta^{18}O$‰）为－4.11 ～－7.96。山阳盆地山阳组的恐龙蛋壳由薛祥熙等在 1996 年测定，结果碳同位素（$\delta^{13}C$‰）一般为－6.72 ～－8.42，氧同位素（$\delta^{18}O$‰）为－5.56 ～－7.37。从上述碳、氧同位素结果看，数值大部分相似，但又有些不同，特别是氧同位素在广东表现出有些差别，并表示出具有复杂的性质。尽管如此，还是可以认为晚白垩世在统一的干燥炎热的古气候大环境中，局部发生变化的特点，也表示了古气候的一些差异，对恐龙生活状态和质量的影响（表 3-4）。

表3-4 河南、广东、山东及法国等恐龙蛋壳碳、氧同位素组成表（PDB标准）

序号	样号	地质或国家	$\delta^{13}C$‰	$\delta^{18}O$‰	蛋壳厚度(mm)	蛋内充填物	层位	样品种类	备注
1	S1	河南西峡盆地	－7.37	－5.16	1.0	粉砂岩	马家村组	蛋壳	
2	T6		－6.80	－6.36	3.0	粉砂岩		蛋壳	
3	S7		－6.32	－3.55	1.7	粉砂岩		蛋壳	
4	H8		－6.29	－5.76	1.1	粉砂岩		蛋壳	
5	N9		－5.28	－7.88	2.9	含砾粉砂岩		蛋壳	
6	N10		－5.26	－7.65	1.1	含砾粉砂岩		蛋壳	
7	R4		－7.67	－4.11	1.3	粉砂岩		蛋壳	
8	Z11		－6.09	－4.79	1.1	含砾粉砂岩	高沟组	蛋壳	
9	L12		－7.04	－7.96	2.0	粉砂岩		蛋壳	
10	Z5		－5.88	－6.09	1.0	粉砂岩		蛋壳	
11	X2		－6.09	－4.64	2.0	含砾粉砂岩		蛋壳	
12	C3		－7.79	－4.07	2.1	含砾粉砂岩		蛋壳	
13	M15		－7.26	－5.26	1.8	粉砂岩		蛋壳	

续表3-4

序号	样号	地质或国家	δ^{13}C‰	δ^{18}O‰	蛋壳厚度(mm)	蛋内充填物	层位	样品种类	备注
14	09-1	广东南雄盆地	−9.93	+1.148			坪岭组	蛋壳	
15	09-2		−10.03	−0.77				蛋壳	
16	09-3		−10.01	+1.013				蛋壳	
17	09-4		−10.42	+0.08				蛋壳	
18	09-5		−11.50	−0.699				蛋壳	
19	09-6		−10.73	+0.110				蛋壳	
20	09-7		−10.15	−5.00				蛋壳	
21	09-8		−11.06	−1.03				蛋壳	
22	K_5D_4	陕西山阳盆地	−7.01	−5.56			山阳组	蛋壳	
23	K_5D_3		−7.41	−7.25				蛋壳	
24	K_5D_2-2		−7.33	−7.37				蛋壳	
25	K_5D_2		−6.72	−6.07				蛋壳	
26	K_5D_1		−8.42	−7.05				蛋壳	
27	V786	山东莱阳盆地	−7.45	−5.25			王氏组上部	长形蛋壳	
28	V734		−7.46	−5.16				长形蛋壳	
29	V735		−8.92	−4.78				椭圆形蛋	
30	V736		−10.33	−4.47				副圆形蛋	
31	No728		−6.81	−7.94			王氏组中部	圆形蛋壳	
32	G5547		−6.85	−8.42				圆形蛋壳	
33	V730		−7.94	−7.59				圆形蛋壳	
34	V731		−4.81	−7.37				圆形蛋壳	
35		法国	−9.20	−5.30			马斯赫特期晚期	蛋壳	平均值
36		西班牙	−13.10	−0.60			马斯赫特早至中期	蛋壳	数据由图上量出
37		蒙古国	−4.40～−10.1					牙道黑达组	
38		美国犹他州	−9.4～−14.45	−8.1～−11.0				蛋壳	

引自《中国南阳恐龙蛋》。

3.4 恐龙蛋核(蛋心)的成分

3.4.1 矿物成分

恐龙蛋化石内充填物质即蛋核(蛋心)的成分，根据对河南西峡、广东南雄及其他各地恐龙蛋内物质成分的研究，其蛋心成分绝大多数与产恐龙蛋化石的围岩大体上一致，少数为后期结晶矿物，按照岩石性质，主要可以分成3种类型：含砾石粉-细砂岩或含砾石粗砂岩-含中砾泥质细砾岩类型（最主要的类型）、方解石型以及坡缕石（凹凸棒石）-重晶石-方解石型，后两种在已经发现的恐龙蛋化石中较少，并且与恐龙蛋的大小有直接关系。

（1）含砾石粉-细砂岩或含砾石粗砂岩-含中砾泥质细砾岩型

整体由碎屑物和胶结物两部分组成，好像水泥胶结大小不同石子一样，碎屑粗细不同，胶结物有泥质、钙质和砂质，碎屑的成分主要有石英、长石、方解石及少量黑云母、白云母等，其次还有少部分岩砾，砾径一般1～5cm，砾石成分随地区的不同而变化，总的与物源供给区的关系密切，经过胶结或成岩作用后就形成岩石，依照碎屑颗粒大小称为细砂岩、粗砂岩、细砾岩，蛋核（蛋心）的成分与蛋化石围岩成分基本一致，化学成分也相似（图3-13、图3-14、表3-5），而与蛋壳化学成分明显不同。

图3-13 恐龙蛋心及蛋核（河南西峡）
（李占扬，1996）

图3-14 恐龙蛋核内部
（河南西峡）（周世全摄，2008）

表3-5 蛋心（核）与围岩化学成分表（%）

序号	成分 种类	CaO	FeO	Fe_2O_3	Al_2O_3	SiO_2	MgO	TiO_2	K_2O	Ma_2O	MnO	P_2O_5	Cr_2O_3	烧失量
1	蛋心（核）	8.12		3.42	10.32	59.80	2.31	0.50						
2		6.12	0.41	4.76	14.05	58.67	2.64	0.71	2.60	2.04	0.088	0.182	0.014	8.00
3		4.89	0.15	3.06	12.84	61.66	2.28	0.54	2.51	1.43	0.034	0.162	0.0069	7.58
4	围岩	8.42		3.70	10.98	57.88	2.56	0.53						
5		8.31		6.86	14.20	48.32	3.75		2.31	1.08	8.07	0.14		

1、4、5引自《中国南阳恐龙蛋》，2、3据江富建资料。

(2)方解石型

此类主要是椭圆形蛋、副圆形蛋及圆形蛋类中的部分蛋化石。蛋壳内有时被方解石全部充填满，有时是部分充填，蛋壳内仍有部分空间。如果蛋内有碎屑颗粒时，摇动恐龙蛋可听见蛋壳内有碎屑碰撞蛋壳的声音。蛋壳一般保存较好，致密坚硬，无破口或裂纹，有裂纹时也很少，特别是蛋化石直径为 6 ～ 8cm 的最好。蛋内方解石一般呈粗粒或中粗粒状，粒径在 2 ～ 6mm，少数超过 1cm，颜色为白色，晶形完整，多呈菱形四面体或复三方扁三角面体，可见两组菱形解理。蛋内方解石应在一定的或比较特殊的地质条件下，成岩阶段富含 CO_2 的地下流体，溶解原来的碳酸盐类矿物，并在弱碱性环境中和温度变化时，含丰富钙离子的流体，经过恐龙蛋壳上的微细裂隙和毛细管、气孔道进入蛋内，$CaCO_3$ 在蛋内迅速沉淀形成方解石，物源充足时，方解石充满蛋心，反之就留下部分蛋壳空间。这种类型在河南西峡盆地、五里川盆地、广东河源盆地、南雄盆地及安徽休宁地区等地的部分恐龙蛋化石壳内，都经常被方解石充填（图3-15）。

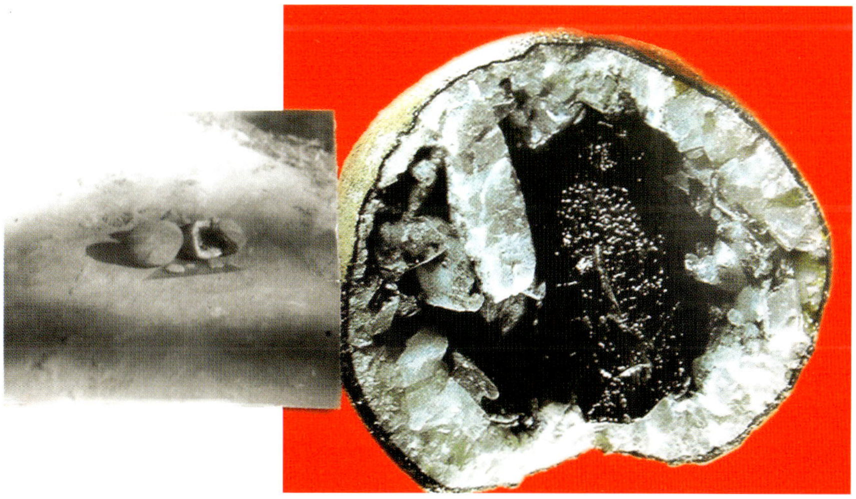

图3-15 方解石蛋心（河南西峡、广东南雄）
（周世全等，2005，阎元中等，2006）

(3)坡缕石–重晶石–方解石型

此类型只在河南西峡阳城南北宅一带发现，其他盆地或地区，目前未曾发现。壳内组成物质根据陈克樵等1996年的研究，主要矿物为方解石、坡缕石及重晶石，蛋腔内尚存空间(图3-16)。方解石分布在蛋腔内和锥体层内壁，厚6.5～7.0mm，颗粒在1mm以上，晶形发育不全，为颗粒集合体，无色透明，部分晶面发育较好，可见方解石的三组完全解理，化学成分：CaO为56.76%～56.39%、FeO为0.15%、K_2O为0.89%～1.00%、SiO_2为0.11%、MgO为0.13%～0.21%、MnO为0.16%～0.24%，总量为57.99%～58.05%，不足百分之百部分为CO_2含量。在蛋腔内的方解石表面粘附着纤维状坡缕石，其为灰白色或其他颜色，为扁平纤维状集合体，局部呈膜状或束状，纤维横径为0.1～0.5um，长度不等，最长达0.03mm。坡缕石在地表呈细脉分布于细砂岩或其他岩石的裂隙中，蛋核内坡缕石化学成分：SiO_2为53.32%、Ae_2O_3为10.68%、MgO为6.71%、CaO为1.90%、FeO为2.96%、MnO为1.23%、TiO_2为0.71%、K_2O为0.26%、Na_2O为0.27%，不足部分为矿物结晶水和吸附水的含量。重晶石无色透明、呈细粒或细粒粉末状集合体，成不规则微团块或微粒粘附在坡缕石表面上，化学成分：BaO为63.49%、SO_3为34.85%、FeO为0.54%、MnO为0.21%、Cr_2O_3为0.224%、CaO为0.03%、SiO_2为0.06%、MgO为0.02%。蛋腔内还有少量石英存在，从整个蛋腔内充填物看，方解石、重晶石是成岩过程中复杂的地下水体交代置换形成的。坡缕石是干燥炎热气候的盐碱水介质中形成的镁质矿物，是古气候的指示标志。

图3-16 坡缕石-重晶石-方解石蛋心
(河南西峡)(周世全等，2005)

3.4.2 化学成分

目前我国对恐龙蛋内充填物化学成分的测试结果较少，其化学成分按照前面划分的3种类型，并主要是依据河南西峡的测试结果来叙述的。方解石型及坡缕石–重晶石–方解石型的化学成分，主要为CaO，含量一般为46.54%～56.76%，其他有少量或微量的MgO、K_2O、SiO_2及MnO等。含砾石粉–细砂岩或含砾石粗砂岩–含中砾泥质细砾岩型的化学成分，与含蛋化石层围岩基本一致，主要成分为SiO_2(59.80%)、Ae_2O_3(10.32%)、CaO (8.12%～9.37%)、Fe_2O_3(3.42%)、MgO(2.31%)、还有TiO_2(0.50%)、FeO(0.34%)等，砂岩中CaO、Fe_2O_3等含量较高和元素的富集，表明沉积岩在风化过程中，主要是以物理风化、机械作用为主，化学分解作用不强，矿物中元素未经过充分溶解、搬运，便以碎屑物的形式堆积下来，反映了炎热干燥气候的特点。

3.5 恐龙蛋壳的显微结构

蛋壳由有机基质和碳酸盐两部分组成，以结晶方解石形式出现。蛋壳在放大镜下看，呈垂直于蛋壳的纵纤维状分布，它们的显微结构一般可分为两部分，即内、外两层，并依照它的系统发育关系，晚期的与鸟类蛋壳相似，而早期的与龟蛋蛋壳相似，即缺少柱状层结构。内层紧贴在卵壳膜的外表面，一般约占蛋壳厚度的1/3或2/5，由许多细小的乳头状突起密集排列组成，这些乳头状突起叫乳突，此层就有人叫乳突层，或下棱柱层；乳突根部的中央，是乳突生长的核心，在所有乳突中，这些核心都大体位于一个水平面上，相临乳突之间的间隙叫乳突间隙，我国学者赵资奎经过多年的研究把此层命名为锥体层，乳突即锥体，这种命名与实际比较相符。外层是蛋壳的主要组成部分，一般占蛋壳厚度的2/3或3/5，由很多近于细的平行纤维状的有机质构成层状骨架，其间由方解石结晶颗粒分布，颗粒由内向外呈棱柱状特征，棱柱排列紧密。由于基质纤维几乎呈平行排列且分布不均，或者在其形成中有不同程度的色素渗入，在蛋壳垂直面上可以见到像骨骼组织中的薄层状的层板，与粘土页岩的层理一样，有些古生物学家称之为层状棱柱层、海绵层或者上棱柱层。赵资奎认为卵圆形或椭圆形的蛋无法区别它的上下关系，下棱柱层又与乳突自相矛盾等，他经过研究，认为此层叫柱状层比较合适。所以蛋壳的显微结构分为内层锥体层、外层柱状层，既科学形象一些，又与实际状况接近(图3-17)。两者之间一般无明显的分界线，或者有模糊不清的十分薄的过渡带。平行蛋壳的加深线即间歇线。同时在锥体层中与柱状层中，分布有很多的疏密不一、大小有差异的细管，其方向大致与蛋壳表面垂直成直角，此细管称为气孔道，它在蛋壳表面的开口叫气孔，其与乳突间隙相通，组成蛋壳的呼吸系统，保证与外界气体的交换。护膜是覆盖在蛋壳外表面上的一层透明蛋白质保护性薄膜，在石化的恐龙蛋上，一般都不保存，即使有，也非常稀少。

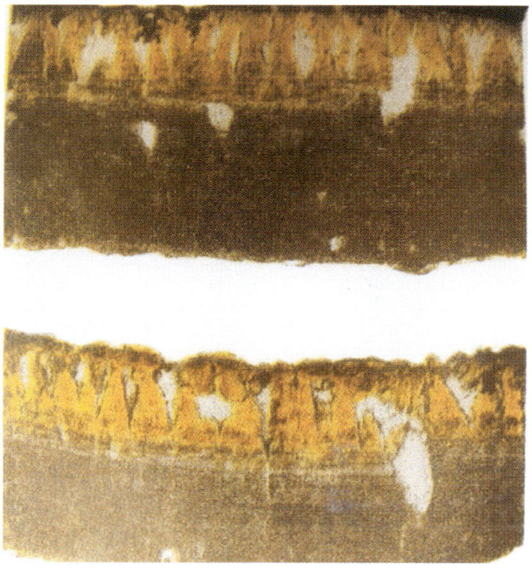

图3-17 恐龙蛋壳显微结构(山东莱阳)
(赵资奎，1974)

4 恐龙繁殖

脊椎动物是地球上原始生物进化的产物，而它的生殖方式有三种，即卵生、卵胎生和胎生。爬行动物从两栖类进化到爬行类实现完全的陆地生活后，怎样离开水源的束缚而正常繁殖后代，就是它生存发展的首要问题。爬行动物最大的特点是有“羊膜卵”，“羊膜卵”的出现是它完全进入陆生生活的标志，是生命进化中的重大事件，是自然规律作用下的一次飞跃。爬行动物繁殖后代的方法是直接把卵产在适当的陆地上，并直接孵化出小动物，卵不但有一定厚度的钙质蛋壳，而且卵黄丰富，还有一层养育、保护和防止干燥的羊膜和羊水、尿囊，以利胚胎的稳定发育和容纳代谢过程中所排出的废物，从而使卵在陆地上的孵化成为可能，保证陆生动物的繁殖。两栖类动物如蜥蜴和鱼龙等，就不像爬行动物，而是将受精卵直接排出体外，把卵产在母体体腔内，经过“变态”并直接在体腔内孵化，产出幼年个体，脱离母体后开始自己的生活。所以爬行动物是真正离开水的陆生动物，彻底摆脱了对水的依赖。从而使脊椎动物由卵生进化发展到胎生，由冷血到温血、由变温到恒温的演化过程，有了一次重要的飞跃。卵生、卵胎生的生殖方式，完全不同于哺乳动物的胎生，因为它们没有胎盘，也不像哺乳动物那样幼体通过胎盘吸收母体本身的营养，所以胎生是完整保护幼体的最好生殖方式，要研究恐龙的生殖习性或下蛋方式，就必须认真地探索与生殖行为有关的各个方面，恐龙蛋是恐龙繁殖的直接证据，它告诉我们许多恐龙繁殖的真正信息。下面我们先叙述恐龙蛋在岩层中分布和在蛋窝内排列的特点等情况，也就是了解恐龙蛋家族中“各地居民”的一些鲜为人知的内幕，然后再对恐龙下蛋的方式作出分析。

4.1 恐龙蛋化石埋藏特点及恐龙繁殖行为

古生态学是古生物学的一个分支，是研究地质历史时期生物与生活环境的相互关系的科学，古生态就是恐龙蛋与环境的互动和协同的一种关系。生物离不开环境，要适应环境的变化，同时生物要能动地改造和维护环境以适应自己的生存发展，只有找到恐龙蛋当时与其生活环境之间的辩证统一的关系，摸清恐龙蛋窝在岩层中的分布规律、恐龙蛋在窝中的排列形式、埋藏的种类和过程、蛋壳破口的形成等规律和情况，我们才有可能对恐龙繁殖行为方式作出接近实际的推理。

4.1.1 含蛋岩层岩性及埋藏的微古地貌

我国含蛋的上白垩统为一套复杂的粗细混杂的类磨拉石红色沉积建造，主要岩石为沉积成因的岩石组合，包括碎屑岩类及少量碳酸盐类岩石，岩层多为中厚层状至巨厚层状，成熟度低。具有或发育交错层理、板状或大型槽状层理，混积特性十分突出，冲蚀或冲刷构造十分发育，常见大小不等的泥砾和凹凸不平的蚀面、蚀坑（图4-1），含有大量钙质结核，虫管发育，层面上常见干裂（图4-2），局部见到雨痕。根据野外观察和统计，在我国河南、广东、山东、江西、湖北、内蒙古、安徽等省（区）的各个盆地的含恐龙蛋地层与岩石，绝大部分为棕红色或棕褐色含钙质粉–细砂岩、含砾泥质粉–细砂岩，少数为含砾中–粗砂岩，个别的产于含中–粗砾细砾岩中。蛋化石一般出现在碎屑岩石中上部较细岩层中。恐龙产卵时需要相对稳定的环境，既要有利于蛋的保存和孵化，又要能迅速将蛋掩埋，并要求水动力条件相对较弱，由此，恐龙下蛋主要选择阳光充足、光照时间长、地表相对平坦的洪泛平原、洪泛盆地及滨浅湖盆的边沿部分。在干旱气候条件下，周期性或间断性的洪泛事件，带来大量的粉细砂、泥质，形成洪泛平原或河漫滩沉积，为恐龙下蛋提供了有利场所。产蛋后又被下次洪泛带来的泥砂迅速掩埋，如此多次重复，就形成了今天恐龙蛋化石大量集中，成窝产出，多层分布的恐龙蛋化石群景观。充分显示出“沉积事件”与“生物事件”在一定时空内的紧密关系，河南西峡、广东南雄、河源、山东莱阳、湖北郧县、江西泰和、赣州等盆地产蛋的地质特点，证明了“沉积事件”控制恐龙蛋化石分布的普遍规律。

图4-1 冲刷面（河南西峡）（王德有摄，1995）

图4-2 泥裂（河南西峡）（王德有摄，1995）

4.1.2 恐龙蛋窝在地层中的分布及密度

恐龙蛋化石在我国的含蛋盆地中，产出相当丰富，据在河南、广东、湖北等地及美国“龙蛋山”的初步情况看，含蛋层一般在 1 ～ 10 层，最多的河南西峡和广东南雄等地有 20 ～ 30 层，一般比较稳定地出现在上白垩统内。蛋窝一般顺层分布，沿纵向延伸最长达 17km 以上，一般在 0.5 ～ 1.0km，出露宽度一般顺岩层倾斜方向向深处延伸，主要决定于冲积平原的规模、形态等条件，一般宽度在 200 ～ 1000m。河南西峡盆地中部的蛋化石密集带，以阳城为中心向东至赤眉西、向西至回车东，长度 17km 以上，窝距一般 2 ～ 10m，最小不足 0.5m，最大几百米至 1000m，蛋窝面积一般在 1 ～ 1.5m^2，最大面积近 9m^2。巨型长圆柱蛋最大的蛋窝直径在 3.3m（图 4-3），为世界之冠。恐龙蛋分布密度，据李酉兴等统计，在西峡阳城南北宅东南周知山红褐色粉–细砂岩中，共生有 5 种不同的蛋化石，有副圆形蛋、扁圆蛋、椭圆形蛋和圆形蛋等，该含蛋层厚 1.19m，露头长 242m，沿倾向宽 165m，分布面积 26 845m^2，实地统计分布密度 4 枚/ m^2，估计储藏蛋量在 107 380 枚。他又在丹水镇一个小山丘上作了统计，含恐龙蛋岩层面积为 2028m^2，每两窝恐龙蛋间距为 1 ～ 1.7m，平均每平方米有蛋 5.26 枚，估计储藏量在 10 667 枚；其次在三里庙一带，一个长约 30m、宽约 3m 的采洞，采出蛋化石 3000 余枚，分布密度在 30 枚/ m^2 以上。在阳城任沟山上，露头长约 400m，宽约 40m（可见宽度），平均蛋化石密度 3 枚/ m^2（图 4-4）。有人会问，照此推算，西峡盆地到底有多少恐龙蛋，当时又有多少恐龙在此集中产卵。上述统计的产地，是西峡盆地恐龙蛋化石的集中区，其面积仅占蛋化石分布面积很少的一部分，当然我们不能按上述的典型实例去估算蛋的整个数量，而是要采用一种比较科

图4-3 长圆柱蛋一窝（32枚）（河南西峡）（周世全摄，2007）

图4-4 阳城任沟山一处盗挖洞（王建中摄，2004）

学的、切合实际的方法来统计。西峡盆地恐龙蛋化石分布区整体面积约 200km^2，占盆地总面积的 1/3 左右，以每平方千米约 50 枚，沿倾向深约 50m 计算，恐龙蛋总数约 50 万枚，这个数字不是按层而是依含蛋层的整体来计算的，那么，恐龙不是也有数万条吗？恐怕比现代这个地方养的牲畜还要多，我们不难想象那时这个地方是何等的美丽而壮观呀（图 4-5）。广东南雄盆地西端的始兴县境内，沿浈江西岸长 20km，宽约 4km 范围内，分布恐龙蛋窝 73 处，每窝一般 3 ～ 20 枚，最多的在 30 枚以上。在河源市郊 10km^2 内，也发现 182 窝蛋化石，蛋化石连窝与零星发现、收藏的总计约 10 000 枚以上。湖北郧县青龙山一带，在面积 4.2 km^2 之内，可见 6 个含蛋层，一般窝距 3 ～ 5m，每窝 10 枚，最多 25 个，初步统计地表就有恐龙蛋 2000 枚以上。据有关报道，美国"龙蛋山"一处面积 1000m^2 范围内，就有 40 多窝恐龙蛋，窝与窝间距离为 8m，一般蛋窝的直径约 2m，每窝最多有 25 枚，排列成圆形，彼此有一定间距。我国江西赣州、山东莱阳、内蒙古二连、湖南茶永等地，恐龙蛋在岩层中分布的情况及分布密度，大体上都相似。由上述可见，恐龙蛋在岩层中的分布及密度，充分反映了在晚白垩世时，恐龙为了繁殖后代需大量产卵，又因生态环境和自身机能障碍绝大部分不能孵化的情况。

图4-5 恐龙蛋化石埋藏区地貌（河南西峡）（李占扬等，1996）

4.1.3 恐龙蛋化石在蛋窝中的排列形式

恐龙蛋在蛋窝中的排列形式，是恐龙生活习性和繁殖方式的重要组成部分。不同的形式代表不同种类恐龙的产卵方法，恐龙造窝下蛋或建造群窝产蛋的行为，展示了它们社会化的一种生活方式。成层的恐龙蛋窝，说明是由许多恐龙共同建筑的，也说明它们之间有高度的信息交流，而不同的恐龙蛋在蛋窝中的不同排列形式既与恐龙的生殖机能有关，也与蛋壳的不同力学性质有十分密切的关系。根据我国河南西峡、广东南雄、山东莱阳、江西赣州、湖北郧县、内蒙古二连、安徽齐云山、陕西山阳及美国"龙蛋山"等地的观察、研究成果的统计和分析，蛋化石在蛋窝内的排列形式，基本可归纳为以下 5 种。

（1）椭圆形或圆形放射状排列形式

根据在野外观察和我国江西、山东、河南、湖北等地资料的分析，此种排列形式主要是长形蛋类、巨型蛋类、长圆柱蛋类等恐龙蛋，在所有完整和比较完整的蛋窝中，蛋化石在蛋窝中的排列都呈规则的椭圆形、圆形或半圆形放射状排列（图 4-6），这种排列受后来构造影响非常小，或者极少数

图4-6 圆形放射状排列(河南西峡)
(周世全等，2005)

图4-7 交错平行排列(河南西峡)
(周世全等，2005)

图4-8 多层平行排列(河南西峡)
(周世全等，2005)

受影响而有些凌乱。蛋体钝端向内心或向圆外倾斜，尖端一般向外，倾角10°～15°，少数在20°以上，蛋距外宽内窄，相临两蛋长轴间夹角一般13°～50°，有时两蛋几乎平行，越向蛋心，蛋数越少。蛋化石一般呈单层分布，有时上下可重叠2～3层，最多重叠4层。上层相对下层逐渐向内收缩，圆的中心部分可凸可凹，并在边部一定位置留下一个小的缺口，以便下蛋后身躯退出，不致踏坏蛋。在我国广东南雄、江西赣州、山东莱阳、安徽黄山、河南西峡等地，此类排列形式是非常普遍的。

(2)交错平行排列形式

归为此类排列方式的蛋主要有椭圆形蛋、副圆形蛋、树枝蛋类等的一部分蛋化石。蛋化石在同一平面上前后交错或平行排列，在纵向上层与下层可平行对应或交错叠加(图4-7)。一般2～4排，多为单层，也有2～3层的，蛋距多为1～5cm，层距一般为5～15cm，排距为1～10cm，在湖北郧县青龙山及河南西峡、卢氏五里川等地及广东茂名等地可见此种排列形式。

(3)多层平行排列形式

椭圆形蛋、副圆形蛋、树枝蛋类等的部分蛋化石，经常出现此类排列形式。蛋化石在同一平面上，每排相互平行，蛋间似等距分布，排距也相似，在重叠2层或3层时，蛋层大部分上下平行对应，类似规则的网格(图4-8)。蛋距一般1～10cm，排距3～15cm，层距多为5～10cm。在河南西峡及夏馆、广东南雄等地多有分布。

(4)不规则状排列形式

不规则状排列广泛见于我国大多数各含蛋盆地的恐龙蛋窝中，以椭圆形蛋、副圆形蛋、树枝蛋等类出现比较普遍，包括不规则交错排列、曲线形排列、似梅花状排列与其他形式的排列(图4-9)。蛋距一般3～10cm，蛋距小者则在0.5～1.0cm。每窝蛋数不等，大体在10枚左右，蛋排列不显著，大多呈单层出现，不规则状排列是我国恐龙蛋窝排列的一种主要方式。

(5)立式或倾斜直立排列形式

该类排列形式是伤齿龙蛋类、棱柱形蛋类所特有的，一般蛋体在窝中呈倾斜或垂直分布，一般较尖的一端朝上，钝头朝下，相临两个近似平行或者斜列，彼此间有一定角度，且方向不变。蛋距一般2～10cm，蛋体在平面上高低不一，伤齿龙蛋壳很薄，一般在0.5～1mm。为克服蛋壳较薄的弱点，降低埋藏后受压破损的程度，保证蛋的正常孵化，下蛋时将钝头朝下，较尖一头朝上，直立或稍倾斜的楔入泥沙土内（图4-10），这样可增加蛋的稳定能力。在我国河南西峡、内蒙古乌拉特后旗及广东南雄等地均有此类蛋化石产出，其排列形式都基本相似，产出时代大体与美国蒙大拿州西部上白垩统上部发现的蛋化石一致，应视为同一类恐龙下的蛋。

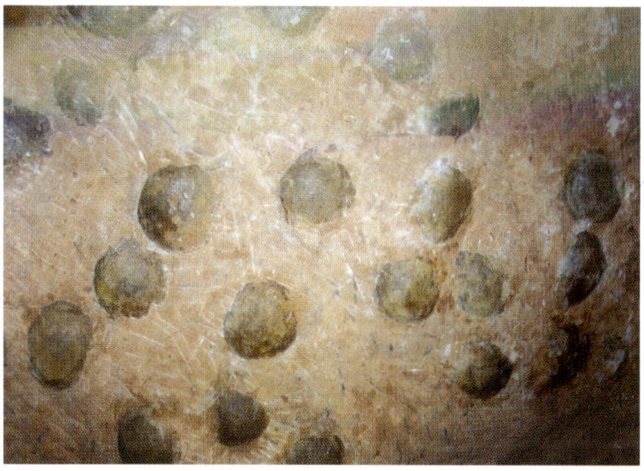

图4-9 不规则状排列（河南西峡）
（梁新权摄，2007）

4.1.4 恐龙蛋化石的埋藏种类

恐龙蛋化石的埋藏是一系列物理、化学及生物变化的复杂过程。蛋化石的埋藏具有特殊性，它不同于其他的生物遗体和植物株枝类化石，它是由蛋壳和其包含的蛋白、水等物质组成，钙质蛋壳是脊椎动物进化发展到一定阶段在生殖方面对环境适应的结果，为爬行动物在陆地生活和繁殖提供了条件。蛋体在成岩石化过程中，钙质外壳在含钙的地下水流体中，进一步重新钙化，填充蛋壳的气孔或结晶蛋壳，使蛋壳与其形状较完好地保存下来。后通过蛋壳的破损处，使周围的沉积物质充填在蛋壳内，蛋白及水物质等消失，而形成恐龙蛋化石。蛋化石在后期的构造、流水搬运、地下温度、压力等条件和变化过程的不同，而产生不同的埋藏特点，形成不同的埋藏种类，根据对蛋化石产出的位置、蛋窝的大小形状、完整程度、蛋在窝内排列分布的特点等的观察研究，其埋藏种类或类型

图4-10 立式或倾斜式排列（广东南雄、河南西峡）
（阎元中等，2006；周世全等，2005）

大体有以下3种。

(1)原地埋藏类型

恐龙产蛋的时候,要求周围环境相对平静,地形较为平坦,下蛋后,蛋就地或基本未经移动即被沉积物迅速掩盖,且又未受到后期构造变动的损坏和影响,基本被完整地保存下来,这种类型的蛋窝成窝性好,蛋化石形态完整(图4-11),蛋在窝中的排列形式符合原来实际情况,比较规整,蛋壳未受或只有很轻微的磨蚀,特别是蛋化石密集分布的地域,原地埋藏分布十分普遍,特别是长形蛋、长圆柱蛋、巨型蛋类等,原地保存最为典型,基本真实显示了当时恐龙产卵的整体状况和方式,以及恐龙生活方面的一些细则。多数分布在洪泛平原及滨湖地带、河漫滩、泥沙滩地等。我国河南西峡、陕西山阳、广东南雄、内蒙古二连、江西赣州等地,是具有代表性的原地埋藏种类的地区。

(2)异地埋藏类型

恐龙在适宜的场所产蛋后,当时环境动荡,发生洪泛事件或洪水暴涨,地表水体动力作用较强,发生高能搬运和变速搬运,恐龙蛋窝在流体推移、拖曳的过程中,完整蛋窝被机械力碰撞、冲磨,被支解成大小不同的块体,搬运时间越长,破坏作用加强,至水动力较弱的斜坡、平地等不同地形地段沉积下来,蛋窝已基本不复存在,蛋体在搬运过程中,受到磨蚀、破碎,部分全部破碎而形成蛋壳碎片,成层或散布于岩石中(图4-12)。部分蛋多呈单个或几个分散产出,蛋距较大,排列无规律,蛋壳磨蚀痕迹清晰。异地埋藏类型主要出现在洪冲积扇的根部、中部和泥石流沉积地段即粗碎屑沉积地区,它不显现恐龙的产蛋方式,只为古环境和古地形等的研究提供了素材,这种类型广泛分布于我国河南西峡、广东南雄及河源、湖北郧县等盆地红层中。

4-11 原地埋藏类型(广东南雄)
(阎元中等,2006)

4-12 异地埋藏类型(河南西峡)
(周世全等,2005)

(3)亚原地埋藏类型

亚原地埋藏类型的分布在我国各省的含蛋盆地中占有一定的比例，与原地埋藏类型的区别，在野外主要依据产出位置，蛋窝完整性、蛋的排列形式等，还是可以鉴别的。当恐龙产蛋后，发生洪泛作用，而洪水动力不很强，蛋窝被搬运一定距离后，水体动力减弱，在适当地点沉积下来，蛋窝基本或大部分完整，部分稍有破坏，蛋体受到轻微或一定程度的磨蚀损坏，少部分受破坏较重，在蛋内或蛋窝中出现部分蛋壳碎片重叠在一个蛋体内，蛋在窝中的规律性排列被干扰、损坏，完整性稍差。蛋窝在岩层中分布一般不集中，窝距较大，有时与原地埋藏类型分布在同一地域(图 4-13)。这种类型在我国的河南西峡、湖北郧县、江西及广东河源、浙江天台、安徽贵池、山东莱阳等地都有分布。

图4-13 亚原地埋藏类型(河南西峡)
(王建中摄)

4.2 恐龙是如何下蛋的

恐龙的繁殖行为——恐龙是如何下蛋的，一直是热爱恐龙关心生态环境的人们关注的问题，也是当代青少年恐龙热潮中的一个知识热点，但过去关于此类研究的成果非常稀少，或者涉及也不深入，更不普及，这就使恐龙是如何下蛋、怎样繁衍后代的，成了人们最感兴趣的一件事，也是始终存在于科学界和人们思想中未被揭开的神秘面纱。我国是一个恐龙蛋化石十分丰富的国家，在近 10 多年的时间里，特别是 1992—1994 年的几年里，恐龙蛋化石的研究和开发，在全国各地轰轰烈烈，其中盗挖也波及河南、广东、江西、山东、辽宁等地。一石激起千层浪，震动中国影响到世界，盗挖破坏了珍贵的恐龙蛋化石的科学研究价值，造成地球、天体、生物科学信息的大量流失而无法再弥补，这是科学史上的大悲哀和人们的愚昧所造成的。然而，在客观上，促进了我国保护古生物化石立法的紧迫感和人们保护意识的提高，政府责任的加强，并在一定程度上提供了观察研究的材料，推动我国古蛋类学的迅速发展，坏事也变成了一定的好事。我们根据河南、广东、江西、湖北、浙江、新疆等省(区)恐龙蛋化石窝特点的观察、研究，结合有关的文献资料，以及恐龙习性的研究成果，初步总结归纳恐龙的下蛋方式——繁殖行为，以使爱好恐龙和恐龙蛋的广大读者，对此有所了解，这就是我们的愿望和对读者的奉献，也是我们的目的。根据前述恐龙蛋在蛋窝中的排列形式及埋藏特点，恐龙产蛋的方式，基本可分为以下 4 种。

4.2.1　椭圆形或圆形放射状移动产蛋方式

在观察或研究的河南西峡、山东莱阳、广东南雄、江西赣州、陕西山阳等地的蛋化石窝材料中，基本上以产长形蛋、巨形蛋、长圆柱形蛋类恐龙为代表。当恐龙下蛋时，先选择一个相对稳定或较平坦的地方，然后，用爪在地表面隆起一个椭圆形的泥沙土或浅圆坑，恐龙以此为中心，围绕圆心作规律的环周运动，每隔一段时间把两个蛋产在小圆堆上，每产完两个蛋就向左或向右移动一下身体，再下两个，产蛋一圈，然后，盖上薄薄的一层泥沙土，再以第一圈的样式移动身体，在第一圈的上部再下第二圈、第三圈……直至下完为止，这就是一窝蛋(图 4-14)。两相临的蛋紧靠、平行排列或两蛋间有一夹角呈“V”字形，夹角一般 13°～ 50°，“V”字形顶端朝圆心，蛋的两端分开，蛋体形状一般出现两种状况，部分一头尖、一头钝，部分两头大小基本一致。恐龙的生殖系统一般具有双卵管和左右两个卵巢构造，可以同时或差不多时间内下完两个蛋，当两个蛋完全排出时，排卵孔肌肉收缩，收缩力程度的不同，使两个蛋长轴之间形成大小不同的夹角。当然，恐龙的初次产卵或多次产卵后，排卵孔的收缩力也是有很大差异的，收缩力大时，夹角就大，否则夹角就小，甚至两蛋的长轴之间，几乎平行，状态保存原始，这种产蛋方式，一般每窝蛋都是偶数，没有奇数蛋化石的蛋窝，此类产蛋方式在我国是比较普遍的。

图4-14　粗皮巨形蛋一窝(广东南雄)
(杨锺健，1965)

4.2.2 规律移动产蛋方式

恐龙蛋窝的代表主要是树枝蛋类、副圆形蛋类等组成的。这类恐龙在开始下蛋之前，首先选择一个平静的、平坦的地表面，随即用爪在地表挖一个类似长方形、矩形或其他不规则形态、深度一定的坑，接着是基本有序地左右、上下移动把蛋产在坑内，盖上一层泥沙土，以同样的方式，循环把蛋产完为止。故蛋窝内的蛋前后左右排列有序，单层平行排列的最多（图 4-15），也有多层平行或交错平行排列的，每窝蛋数较多，一般在 10 ～ 20 枚间，随着恐龙下蛋数量的增加，同窝蛋内的部分蛋的蛋壳相对较薄且分布在边部。据此推测，产卵可能由中间向四周或由上而下或自左而右依次进行。最后恐龙体内因钙质大量减少，使蛋壳变薄或少数最后成为软蛋，在河南西峡、江西上饶、山东莱阳、诸城等地，可经常见到此类下蛋方式。

图4-15 规律移动下蛋方式（河南西峡）
（周世全等，2005）

4.2.3 随意移动产蛋方式

随意移动产蛋的方式主要是以树枝蛋类、网格蛋类、圆形蛋类、蜂窝蛋类等为代表。同样，当恐龙产蛋时，先选择一个相对安全的场所和地形较平坦的地表，并用爪任意挖掘一个不规则的有一定深度、底部参差不十分平坦的坑，然后，随意移动身体，将蛋产在坑内，产蛋后，盖上一层泥沙土，而形成一窝蛋（图 4-16）。蛋窝内及附近常分布有零星的泥沙岩碎块，可能是恐龙蛋化石下层围岩的泥沙岩碎块，这为恐龙刨坑下蛋行为提供了证据。蛋在窝内基本无规律地排列，且每窝蛋的数量相对较少，这种无规律的排列与某些龟鳖类产蛋方式相类似。这是一类普遍存在于我国各含蛋盆地中的产蛋方式，代表了一类广泛分布的恐龙动物群。

图4-16 随意移动下蛋方式（河南西峡）
（周世全等，2005））

4.2.4 局部有序移动产蛋方式

代表此类恐龙下蛋方式的蛋窝主要是杨氏蛋类、部分椭圆形蛋类、圆形蛋类等，产蛋的方式与前述几种完全不同。恐龙首先在地表选择一块较平坦的场所，用爪在地表挖一稍规则的、一定深度的坑，然后移动身躯，基本上以两个为一组以填空式的方法把蛋产在坑内，直至产完为止，最后用爪把泥沙土盖上，而成一窝蛋（图 4-17）。蛋的排列是两蛋紧挨着，且大体平行，基本有序，总体上是两蛋与两蛋交错衔接或基

图4-17 局部有序下蛋方式（河南西峡）
（周世全等，2005）

本整齐相接，代表一类与前述各类不同的恐龙，也再次说明恐龙具有双输卵管和左右两个卵巢的生殖系统，此类产蛋方式广泛见于河南西峡盆地、夏馆–高丘盆地及卢氏五里川盆地等。

我国恐龙蛋每窝一般为 5 ~ 20 枚，在河南西峡最多可达 53 ~ 61 枚，蛋呈圆形或椭圆形，直径一般 8 ~ 17cm，对于中等或大型的恐龙来说，体内可容纳的空间是具备的。而对产长径一般在 34.5 ~ 61 cm，横径在 14 ~ 27cm（图 4-18），一窝一般 20 枚以上的长圆柱蛋的恐龙来讲，它容纳的空间和个体要有多大，才能满足要求呢？据目前发现和已经采挖的蛋窝看，蛋窝直径一般在 2.4 ~ 3.3 m，每窝蛋一般在 18 ~ 26 枚，最多为 32 枚，呈圆形或椭圆形放射状排列，中间为一圆堆泥沙岩石，很难想象此类恐龙体腔的空间有多大，即使是最大的恐龙，它的负担恐怕也超出了它的能力，可能是超负荷的生殖。关于这个问题，还有待更多的实际材料和更加广泛深入的研究之后，才有可能找到答案，得出符合实际的结论来。

4-18 长圆柱蛋（河南西峡）
（江富建提供，2007）

恐龙下蛋有时可能把自己的脚踩在蛋上，与母鸡下蛋时也经常踩到蛋上一样，这是一件有趣的事，这当然是恐龙的一种极个别行为。1979 年赵资奎写的《河南内乡新的恐龙蛋类型和恐龙脚印化石的发现及其意义》论文中，记载了内乡夏馆镇后庄的 15 个一窝新类型恐龙蛋——夏馆杨氏蛋，在其中的 3 枚蛋上，保存一个恐龙脚印，轮廓界线不甚清楚，显示三趾，由趾尖至脚根后缘全长 16cm，右侧脚趾长约 93mm，左侧长 96mm，可能为恐龙左侧的后脚印痕，估计是这支比较小的恐龙产完蛋后，当用脚扒土覆盖蛋窝时“不小心”踩在自己下的蛋上面，而形成了这个与蛋化石一块存在的特殊的脚印化石。脚印化石和恐龙蛋共生，在地质史上是非常珍贵的化石，恐龙蛋和脚印化石的时代为白垩纪，这是我国第一次在白垩纪地层中发现恐龙脚印的报道，以前只在侏罗纪或以前的地层中发现，现在在广东南雄及河源、山东诸城、安徽黄山、湖南茶陵、江苏东海、内蒙古伊克昭盟等地，都发现白垩纪时的恐龙脚印，这对于分析恐龙的生态、生活习性等都是具有重要的科学意义。

4.3 恐龙蛋化石在岩层中大量集中产出的原因

我国恐龙蛋化石数量巨大、类型丰富、分布广泛、保存完整、埋藏集中、时代一致，并有较好的可供研究的白垩纪与古近纪之间的界线剖面，这在世界上是比较少见的。在全国各地 17 个省（区）的

70 多个地区或盆地中，含蛋地层的厚度一般在几百米至 4000m 以上，从下至上的含蛋层在 2 ～ 20 层间，最多达 30 层，集中分布在一定的区域或某个地层单元之内，仅河南西峡盆地根据初步统计含蛋面积在 200km² 左右，含蛋层约 20 层，埋藏恐龙蛋化石估计在几十万枚(图 4-19)。在广东南雄、河源等盆地埋藏量也是非常大的。在类型上我国已达 61 种以上，且随着研究的深入，新种新属在增加，不久可能与目前世界上的种属数接近。保存状态原始完整，基本上以原地埋藏和蛋窝原始为最大特点。同时在河南西峡、江西赣州及上饶、广东南雄及河源、山东莱阳等蛋化石集中的产地，分布密度十分大，最高每平方米可达 4 枚以上。在河南潭头、李官桥、灵宝，广东南雄等地，具有较好的接触界线。这些是我国恐龙蛋化石具有的最大优点，是我国在世界自然遗产中值得骄傲和自豪的，也是我国丰富的自然科学财富。

随着对恐龙和恐龙蛋科学的热爱和对知识的渴望，在日常工作和生活中或应记者采访时，总会有人提出，“你能给我们解释一下恐龙蛋为什么这样大量集中产于一个地方或一组岩层内，是什么原因？”我们虽然在 2005 年出版了一本《中国南阳恐龙蛋》一书，其中也简单解释了蛋化石大量集中产出的原因，但专业性太强，一般人有时会看不懂，有些也没有说明白，别人搞不清楚，从那时起，我们感到地质科学走向科普的舞台，是何等的必要和实际，现在终于有这个机会了，这是本书的一个目的。我们从 20 世纪 90 年代早期，有意识地开始了恐龙蛋化石大量集中产出原因研究的准备工作，至 90 年代后期，我们收集了有关这方面的成果，特别是多年来，对河南西峡、广东南雄及河源、山东莱阳、湖北郧县、江西赣州等省野外实际观察和大量关于埋藏特点等有关材料的分析研究，经过初步的总结，我们认为主要原因大致有以下几个方面。

图4-19 三里庙恐龙蛋化石发掘区(河南西峡)(周世全等，2005)

4.3.1 恐龙具有快速繁殖和极高产蛋率的特点

这是恐龙适应变化的生态环境和繁殖后代生理机能的需要，我国主要的含蛋盆地和产蛋层位，最明显的特点是蛋化石集中在一定层位和地域内，蛋化石呈区域成层的分布，并且保持良好的原始状态。根据对恐龙蛋窝的统计，一般每窝在 10 ～ 30 枚，少数较少，最多时达 61 枚。据杨锺健在研究广东、江西、山东产出的蛋化石后，他估计恐龙一次下蛋最多可达 40 枚以上，与现代的龟鳖类、鳄类相比一次产蛋要少得多，分布在热带的一种海龟每次产蛋在 100 枚以上，个别可达 200 枚以上。在晚白垩世时，气候炎热，生态环境恶化，使恐龙的繁殖能力、特别是绝灭前各类恐龙的繁殖能力受到了很大的影响，尽管如此，每窝蛋的数量与目前所见到的完整蛋窝内的蛋数，两者相比还是大体一致的。由此可见，即使在病态时，恐龙产卵的数量并未降低，因为它是靠大量产蛋来保证繁殖后代的。

4.3.2 恐龙具有群居或杂居及迁徙，并在某个时期共同产卵的习性

群居或杂居是恐龙动物群的社群和互动行为，有利于增强对生态环境的适应力和种群的繁荣。美国两位著名的恐龙蛋专家霍约和马凯拉于 1978—1988 年的 10 年时间里，在美国蒙大拿州西部“龙蛋山”进行了艰苦的发掘研究工作，发现了震惊世界的许多鸭嘴龙类巢穴、蛋和有待哺育的恐龙“婴儿”以及北美的第一个恐龙胚胎化石，从而提出了鸭嘴龙有群居、建造窝群的慈母行为。1983 年，在我国新疆准噶尔盆地的恐龙沟发现一处有 17 具幼年恐龙的墓地，恐龙幼体大小一致，种类相同，可能为一群生活在一起的同胞兄弟。我国四川自贡大山铺，不同种类的几十具恐龙骨架一起埋藏。居理在加拿大阿省北部格雷德卡发现一个恐龙化石坑，化石大部分是一种大型的尖角龙，它们的生活习性与今日非洲的角马或北极的驯鹿相似，是群居的动物。在河南西峡的一个恐龙蛋化石集中区，有 5 ～ 6 种不同蛋化石窝埋藏在 $0.03km^2$ 的面积内，淅川盆地同样有 2 ～ 4 种不同类的恐龙蛋共生在 100m × 50m 的范围内同一岩层中。由上述事实推断，较多的不同类型或相同种类的恐龙在一个地区共同生活，并且在同一地区和相同时期集中产卵，与现代龟鳌类产卵的习性十分相似，这说明了它们在生活习性等方面具有相同或相似性，揭示了恐龙彼此间和谐相处的高度社会性和智慧性。

恐龙迁徙是长途的旅行，要消耗巨大的能量，还有被捕食者猎杀的危险。然而恐龙经过迁徙，获得了优越的繁殖地域，以保证后代的繁衍，进而保证基因的传播，同时，获得了丰富的食物，开拓新的领域，并淘汰体弱病残的个体，使种群整体素质增高，这是恐龙为适应环境的一种自然行为，客观地反映了自然规律。

4.3.3 恐龙蛋的孵化率极低

从目前国内外研究的资料分析，胚胎发现极少，可以说是凤毛麟角。在大量的恐龙蛋化石中，

据河南西峡、广东南雄的大致统计，在恐龙蛋中发现胚胎的比例，平均不超过 1/10 000，个别的在 1/100 左右。据报道，目前世界上经过研究的恐龙蛋中，发现胚胎的有 100 多个。蛋的孵化首先是要健康受精的卵作为基本条件。然后靠太阳的温度及一定的湿度、水分等方面的和谐配合。其次，蛋的形状、重量、蛋壳厚度及恐龙迁徙的习惯等因素，也是影响孵化的原因。所以恐龙蛋的孵化，在自身条件具备时，也需要特殊的生态环境配合，这样才有可能有较高的孵化率出现。恐龙蛋大量集中产出，正好说明蛋的病态和孵化率极低状况的存在，为恐龙在晚白垩世末的绝灭，提供了最好的生命档案和有说服力的证明。

4.3.4　快速埋藏和缺氧条件是恐龙蛋化石保存的根本条件

晚白垩世时，我国大部分地区，处于干旱炎热的气候中，这种气候易形成间歇性或周期性洪流作用，为冲积扇和洪泛平原的形成、发育创造了条件。多次的“洪泛事件”或“幕式沉积”，既为恐龙产卵提供了理想的平地或平坦的地貌条件，又为恐龙蛋的快速埋藏准备了物质基础，使蛋有利于非矿化动物组织的保存。此时，地壳相对稳定，沉降和堆积作用基本上协同补偿。水体动力相对平和，在化石被埋藏后，地质构造变动和气候变迁总体不影响蛋化石的原始状态，使成窝成片的蛋化石基本或比较完整地保存下来，而形成今日如此壮观、如此规模的恐龙蛋化石群的局面。这些宏伟的景观，在我国河南西峡、广东南雄及河源、湖北郧县、山东莱阳、内蒙古二连、江西赣州、陕西山阳等地，都可清晰地展现在我们面前。

4.3.5　适时地暴露在地表，使人们能够看得见蛋化石

恐龙蛋埋藏之后，地壳迅速下降至一定深度，经过成岩作用，蛋变成石化的化石。此时，地壳应平稳的上升，使压覆在蛋化石层之上的岩石，暴露至地表遭受风化作用，剥蚀覆盖在恐龙蛋化石上部的岩石，使恐龙蛋窝和蛋化石层暴露出来，以便人们看到和观察研究，否则，恐龙蛋化石长久埋藏在岩石中，而不被人们发现，也就不知道在这些地区有规模巨大的恐龙蛋化石群存在。这是大自然的赐予，是大自然神秘的无穷变化。沧海桑田是地壳和地表变化的最好写照。

4.4　恐龙蛋壳破口形成的机理

恐龙蛋内的蛋白质、蛋黄和水等在成岩阶段逐步消失，而蛋壳和它的形态被保存下来，随着成岩过程的继续发展演化和压力的增加以及恐龙蛋自身结构的关系，恐龙蛋壳就产生裂纹或裂口而破损，周围的泥沙质及钙质在地下水流体运动的作用下，迅速充填于蛋壳内，使蛋心与围岩的物质成分基本一致。在我国几乎所有发现的恐龙蛋化石蛋壳都存在裂纹，局部少时，裂纹也占整个蛋数的 70%～ 80%间，并且蛋的顶部经常都分布一个大小不等的破口，裂纹宽度一般在 0.1 ～ 1mm，少

数在 2mm 左右，长度一般 1 ～ 4cm，相互交织形成网状分布，与龟裂纹极为相似。对在我国湖北郧县、河南西峡、内蒙古二连、山东莱阳、广东南雄及河源、江西赣州等地的蛋化石的观察，顶部破口大致呈圆形、长条形及不规则形状，大小与恐龙蛋的种类、个体大小、蛋壳厚度及地层压力、时代新老相关。树枝蛋类、蜂窝蛋类等一般破口面积较大，最大直径达 9cm，一般在 3 ～ 6cm，最小在 1cm（图 4-20）。圆形蛋类、椭圆形蛋类，破口的比例稍低，一般破口的面积较小，多数在 2 ～ 4cm²，而长形蛋、巨形蛋类破口的比例一般少些，伤齿龙蛋在蛋窝中直立或倾斜排列时，破口并不常见。缺口形成的蛋壳碎片部分存在蛋内或蛋体周围，部分可能被流水带走迁移至他处。在恐龙蛋集中区，蛋壳碎片可成断续的小薄层分布或呈不大的透镜体存在于岩石中（图 4-21），且多分布在恐龙蛋窝附近或蛋化石密集区层的上、下部，显示蛋壳破碎后被流水冲刷然后沉积形成，在西峡任沟、灵宝杨坡沟口等地，均可见到。恐龙蛋壳破口的出现是一个十分复杂的过程，是多方面的因素决定的。主要是蛋壳的应力强度、形状大小、上覆岩石压力大小、蛋壳的结构、矿物成分及颗粒粗细、埋藏程度及蛋在窝中的排列方式等原因综合造成的结果。马和中、赵资奎等在 1994—1997 年以力学分析的方法研究了山东莱阳王氏组和广东南雄组内的恐龙蛋化石破裂的原因和过程。以金刚口椭圆形蛋、瑶屯巨形蛋、粗皮巨形蛋和主田南雄蛋四种蛋作为研究材料，按顺序分别以 A、B、C、D 为代号。在外力作用下，用数学力学方法计算四种不同结构的蛋壳受力的结果：认为在外压力作用下，蛋壳出现较大的环应力，它比沿蛋壳母线方向应力约大一倍，易沿母线方向出现裂纹，在四种蛋中，A 型蛋最不易破坏，B、C、D 三种类型蛋易受破坏；还证明在同样的压力强度条件下，蛋壳最大半径与厚度之比值决定最大应力的大小，比值越大蛋壳越容易破坏，并据此分析了恐龙蛋壳两种可能的破坏形式，B、C、D 三种类型恐龙蛋在很低的应力下，可能在失稳时发生破坏，即可能在受压后破损而破坏。同时分析了恐龙幼雏出壳时，蛋壳破裂的力学机理。推测由于 A 型蛋的应力最小，不易破口，故认为破口可能是恐龙幼雏沿母线出壳造成的，并列举了山东莱阳一窝原地埋藏的长形蛋为例，该窝蛋大多数在钝头端破裂，其中有 8 个破碎部分的蛋壳

图4-20 风化破损的一窝蛋化石（河南西峡）（周世全等，2005）

图4-21 根据地表发现的蛋皮挖掘恐龙蛋（周世全摄，2005）

碎块仍留在蛋的附近，不像侵蚀而破碎，唯一可能是代表孵化过的蛋。但从蛋窝在沉积过程及水体动力和埋藏条件等分析，它也有可能是成岩过程中恐龙蛋受压向内塌陷，失稳后产生裂纹和裂隙后而破碎，在水动力较弱时，破碎的蛋壳未被搬运与沉积物一块沉积在蛋体的附近或充填在蛋内。经常见到的双层蛋壳很可能是顶部碎蛋壳向蛋内塌落的结果。我国恐龙蛋破口形成机理的研究，基本上仅限广东南雄和山东莱阳两地，其他地区基本上未进行过此类恐龙蛋壳力学性质的研究和力学理论的解释工作。今后，应当选择一些恐龙蛋化石丰富的地区，重点地作进一步的试验研究。不过根据对河南南阳一带恐龙蛋化石破口的观察，椭圆形蛋、副圆形蛋类在原地埋藏的类型中，除长期露出地表因风化破损外，其他的原始状况完好，蛋壳几乎未受破损，蛋化石十分完好。树枝蛋类、网格蛋类、扁圆蛋类、蜂窝蛋类破损的比例是最高的，可以占到总量的 70%～ 80%，且破损位置并非都在顶部。在同一个蛋窝中，可见到蛋壳相对薄的或基本无壳的蛋，破损或破口的范围比蛋壳较厚的蛋相对大些。从另一方面看，显示恐龙下蛋到最后，因钙质的减少，使蛋壳变薄或成为无壳的软蛋，它的破损面也比厚一些蛋壳的蛋相对要大些。巨型的长圆柱蛋类大多属原地埋藏类型，蛋窝排列规律，蛋壳相对较厚，在 3mm 以上，一般长径与地层垂直压力平行，受压后横断面呈扁圆形，个别的蛋体也可见到破口的存在（图 4-22）。长形蛋类、巨形蛋类，在我国圆形状排列的成窝的完整的蛋化石经常见到，而不完整的呈碎蛋壳出现也经常发现，且大部分散落在岩石露头上。

由此可见，并依照马和中等人对蛋体受压后力学性质的变化状况，我们认为，我国恐龙蛋化石大量破口的出现是多方面因素造成的，但最主要的因素是成岩阶段和成岩过程中，当恐龙蛋埋藏后，上覆沉积物逐渐增加，地层压力加大，每个蛋的蛋壳厚度在不同部位不均匀或厚薄不一，且受力不同而产生不均匀的变形，超过承载极限时，每个蛋就会在最薄的部位或母线方向最先产生裂纹而后破裂，并随着地下水流的不断运动，携带的泥、沙石物质和碎蛋壳沿破口或裂纹充填沉积在蛋壳

图4-22 两枚压扁的长圆柱蛋（河南西峡）（梁新权摄，2007）

图4-23 蛋内充填的泥砂物质(河南西峡)
(周世全等,2005)

内(图4-23)。这种情况在我国广东、河南西峡、山东莱阳、湖北郧县、安徽黄山休宁等全国产蛋盆地分布的蛋化石中,都有此类情况存在,它们的普遍出现,也进一步显示了破口是成岩过程中的产物,而不大可能是"说明这些卵均已孵化,幼体破壳而出"和"这些生物繁殖后代的一处良好的栖息地和安乐窝"。否则,各个产蛋盆地内,不但会见到种类众多、大小不一的大量恐龙化石,而且也可能发现非常多的恐龙胚胎、恐龙幼雏骨骼化石,如果出现这样多姿多彩的局面就会使广大热爱恐龙的人们欣喜若狂,并成为科学家们探密索真的神圣宝地。但十分遗憾,我国的产蛋盆地虽多达70个以上,而恐龙、恐龙蛋化石一起产出的却不多,有也是同一盆地而不同区域。成年个体及雏骨化石也极少,多数有恐龙而无恐龙蛋,有恐龙蛋则无恐龙。这正揭示恐龙下蛋可能在一处、恐龙生活觅食在另一处,也展示恐龙是群居的动物,具有社群行为,而且有长距离迁徙的生活习性。恐龙蛋的孵化是在特殊的条件下完成的,因此有些地方适宜于"恐龙动物集中在此产卵",不一定适合它们"孵化个体"。但并不全部否定,破口的形成有少量是恐龙幼雏破壳而出产生的。我们要记住这两句名言,"具体情况要具体分析"、"实践是检验真理的唯一标准"。

4.5 恐龙DNA(脱氧核糖核酸)研究

恐龙基因研究是一项新的探索性、科学性非常强和复杂的工作。国外该项研究也是近十来年的事。目前从恐龙化石中提取遗传基因DNA,已成为恐龙研究中的一个热点。在科学家们竞相捕捉恐龙遗传信息的征途中,中国科学家也不甘人后,力争赶超世界先进科学水平,努力攀登在艰难的科学道路上。正如马克思说过的"只有不畏艰难险阻的人,才有可能到达光辉的顶点"。近些年间,不断传来科学家们的捷报,说是破译了恐龙的基因片段。1993年,美国科学家伍德沃德博士,他下定决心要弄清楚恐龙的遗传基因,他在他的同学、地质学家和普赖斯煤矿工人的帮助下,终于在离地表610 m深的巷道里，在煤层的顶板找到了两块恐龙骨骼化石，大块约20cm × 6cm × 3cm，可能为恐龙粗骨头的一部分，另一块约20cm × 26cm × 1cm，系肋骨的碎块。伍德沃德和他的同事把标本运往杨伯翰的装备很好的古老DNA研究实验室，兴致勃勃地开始了古老DNA的研究。经过光学显微镜的观察，他们惊奇地发现恐龙骨头似乎没有经历多大成岩过程的变化，骨骼还保存有细胞构造；扫描电镜元素分析结果表明，骨骼中的有机质没有被无机物质交代置换，钙与磷酸盐之比为2∶1，没有检测出硅和铝，这一组成特点与现代的骨骼相似。经过大量的准备和采取一切措施防止污染之后，并通过大量的实验，伍德沃德研究小组终于从犹他州煤矿中的恐龙骨骼化石内提取到DNA，并以此为模板，采用一种叫PCR（聚合酶链式反应）的技术进行扩增，以便得到可以判别DNA的序列。由于他们发现的DNA不像任何现代动物的DNA，因此，他相信这种古老的DNA很可能来自恐龙，他认为这是人类历史上从恐龙化石获得DNA的破天荒的一次壮举。1994年11月，他将结果刊登在国际著名学术刊物《科学》上，公布了他们的研究成果，这一发现轰动了世界。在热闹过去，冷静之后，伍德沃德从恐龙中获取的DNA片段，迎来了一片质疑和批评的热浪，世界各国著名的包括古老基因研究的科学家在内，对他的成果都持否定观点，并指出他的核心问题是DNA的保存时间和存在的人为污染，认为该DNA片段可能来自人的本身。科学的发展是一代又一代人的奋进努力的结果。无独有偶，1995年3月15日，我国科学家北京大学生命科学院陈章良教授，研究了采自河南西峡阳城南北宅的编号为XL-01的一枚恐龙蛋化石（图4-24），声称成功地提取了恐龙基因，并向外正式公布这一结果。《人民日报》在显著位置作了详细报道，认为是“震撼生命科学界的重大发现”，成为轰动一时的国内外科学新闻。XL-01号蛋化石，是李广岭先生1993年收藏的2400多枚蛋化石中的一枚，来自河南西峡阳城乡南北宅一带，属于副圆形蛋类，长径约12cm，横径约9cm，蛋壳主要由方解石组成，蛋心为方解石、坡缕石（凹凸棒石）、重晶石等。是年9月蛋化石不慎落地碎成4块，后李用胶粘合到一块，同年10月19日《光明日报》对这枚有坡缕石的“外硬内软”的特殊蛋化石最先作了报道，并引起我国科学家的关注。

北京大学张昀教授组织一批学者，开展该枚恐龙蛋的结构、矿物、化学成分、埋藏特点等项目的

图4-24 北大研究DNA用的蛋化石（河南西峡）（周世全等，2005）

详细研究，为后来震惊世界的恐龙遗传基因探索奠定了基础。以后北京大学生命科学院陈章良教授领导的研究小组邹喻苹、安成才等都先后提取了蛋化石内的坡缕石作为分析样品，检测 DNA，通过标记确证 DNA 的存在，并用 PCR（聚合酶链式反应）方法成功地扩增出许多不同的 DNA 片段。安成才等用 18srDNA 特异引物进行 PCR 扩增，最后筛选出两类 6 个阳性克隆，并认为上述克隆的序列与两栖类、爬行类、鸟类及人类等的 18SrDNA 具有很高的同源性，没有检测出与该基因完全相同的已知序列，并排除古细菌等可能的污染，也排除了实际操作过程中的人为污染。后来，李毅等获得了一般与粘着蛋白基因同源性非常高的恐龙 DNA 序列，与其他生物包括原核生物、真菌和植物等进行比较，未发现有较高的同源率。他们的研究成果于 1995 年在《北京大学学报》第 2 期上正式刊出后不久，即受到广州中山大学生命科学院屈良鹄等学者的质疑，他们在《中山大学学报》1995 年第 3 期上发表了《河南西峡恐龙 18SrDNA 片段》一文，对安成才等的数据重新作了分析，认为 18SrDNA 作为恐龙基因的结论是错误的，是由于在对 DNA18S1 等序列进行比较分析时的失误造成的，在序列排列方面也存在一些问题。他们认为安成才的这两个序列不是恐龙 rDNA 片段，DNA18S7 是一种高等植物 18SrDNA 片段，而 DNA18S1 则为一种与真菌有较大同源性的 rDNA 片段。杨洪 1995 年在《古生物学报》第 6 期上发表了《古代 DNA 序列的分析与甄别——兼评恐龙 DNA 的研究》一文，认为分析和甄别古代 DNA 序列是研究古代 DNA 的根本步骤，系统发育分析是当前甄别古代 DNA 来源的有效和唯一可靠的方法，他用安成才等公开的两类 6 个阳性克隆与现代生物各类群代表 18SrDNA 序列重新对位排列和系统发育分析，结果表明其分别来自两种不同的生物，但都不像是脊椎动物的分支，其中一组序列同现生的高等植物呈姊妹群关系。杨洪据此不支持安成才等所得出的从恐龙蛋中获取的 DNA 片段来自于恐龙本身的结论。非常巧合的是上述两位作者的研究，完全是独立的彼此不联系的情况下进行的，但他们获得的基本结论却是一致的，这证明了样品本身完全不具备分析 DNA 的条件，是在长期开放状态下古细菌污染的和人的触摸、外部污染的一枚蛋化石，也显示了 DNA 在科学研究过程中和长期保存的复杂性。并告诉人们在探索恐龙 DNA 的科学道路上，人们应该严肃谨慎、冷静面对、实事求是，同时，告诉人们恐龙遗传基因研究是一项高难度、高风险、探索性非常强的基础科学。失败是暂时的，成功是永恒的，不能以成败论英雄，科学发展有他的曲折性和阶段性。在科学研究中，更要提倡宽厚待人，鼓励人们积极进取，奋发向上去攀登一个又一个的科学高峰。我们认为，北京大学的学者，在该领域作了开创性的工作，精神可贵，开拓精神和创新思想，是科学技术发展的推动力。河南西峡恐龙蛋保存 DNA 的可能性受到质疑和否定，在科学界已如过往烟云，被人们淡忘了。20 世纪 80 年代，美国古生物学家乔治・波伊尔出版了一本名为《探索琥珀中的生命》一书，其中提出了获得恐龙 DNA 的一种可能性。假设在恐龙生存的时代，一只刚叮咬过恐龙的苍蝇，而后陷入了一团树脂中，经过漫长的历史年代，树脂成了一块琥珀，运用现代科学技术，从琥珀内的苍蝇体中的恐龙血细胞中提取 DNA。波伊尔的设想并不是没有根据的，他曾经从 5 个 3000 多万年的无刺蜂中提取了这种 DNA，并进行了扩增。结果发现这种蜂的 DNA 与现生的无刺蜂的 DNA 完全一致。20 世纪 90 年代中期两个美国科学家小组，利用聚合酶链反应(PCR)技术，从多米尼加的琥珀中，分别独立地提取和排列出已知最古老的3000多万年前(渐新世时期)的蚂蚁化石的DNA。1990年4月，英国《自然》杂志上报道了木兰化石的DNA序列，这是首次在距今2350万年前古近纪化石中提取的目前最古老的遗传基因之一。《侏罗纪公园》的作者迈克尔·克林顿是医科出身作家，他也设想有一只苍蝇叮咬了恐龙身上的血，因而体内含有恐龙的血细胞，并立即被树脂粘住包裹，变成了琥珀中的昆虫，科学家从其身上提取了恐龙的DNA。所以从琥珀中的昆虫提取DNA的研究成为可能，主要是昆虫完全被琥珀严密封住，完全是一个封闭系统的原故，而西峡在含蛋地层中，还产有大量琥珀，其内保存的昆虫、昆虫花纹化石，应可以成为提取恐龙遗传基因的首选材料。琥珀中保存昆虫化石，具有其他方式或别的化石保存动物昆虫化石所不可比拟的优势，既能很好的密封式的保存，又可避免现代或古代生物基因的污染，类似于现今的树脂胶，它完全是一个封闭系统。这为研究恐龙的DNA提供了可能，也是一种极大的鼓励，必将极大地提高古老DNA的研究水平，使科学家们在恐龙DNA研究的道路上，充满了希望。我们希望和期待，在西峡的琥珀内保存的昆虫化石中获取恐龙基因取得突破，为我国的古老DNA的研究、为世界科学的发展，作出应有的贡献。同时，对广大群众和世界人民来说，又受到一次科学知识、科学思想和科学方法的普及教育，从而进一步提高人们的科学素质。

4.6 恐龙胚胎研究

恐龙蛋最珍贵的品种是含胚胎或恐龙幼雏的恐龙蛋。目前，在我国河南西峡、广东南雄、内蒙古二连、江西赣州等地均有发现。恐龙胚胎的研究在我国最早的是李酉兴等人。1994年12月，他们用Philips Tomoscan 350机X射线CT断层扫描，先后研究了河南西峡的副圆形蛋和圆形蛋化石12枚，发现胚胎的蛋化石2枚，最先的一枚直径为78mm，蛋壳厚1.1mm，由柱状层、锥体层组成。蛋中的胚胎由头颅、脊椎、肋骨和胸脊等构成。头颅与脊椎位于蛋内一侧，脊椎间的关节明显，关节面脊椎轴线成60°～70°夹角。头颅切面呈似三角形，长14mm，宽10mm，头颅中眼窝明显，雏龙背弓腹收。肋骨自背至腹弓形生长，关节明显，肋骨长33mm，中宽2mm，胸骨横断面呈月牙形，宽12mm，厚2.1mm，胸骨中空，骨密度测定结果为：头颅2040Hu，脊椎2016Hu，肋骨1976Hu，肋骨中空处1002Hu，胸骨1938Hu，蛋壳2200Hu。并测出骨密度Hu的大小，反映了恐龙胚胎发育过程中各骨骼出现的顺序，推断恐龙母体为Ornithischian Dinosaurs。1995年底，李酉兴在11个圆形蛋中，发现一个蛋壳受外力影响而破损达1/4的蛋中有胚胎一个，确认为蜥臀类中的腔骨龙类。嗣后，郑州大学鲁祖惠等，对河南西峡的10枚恐龙蛋(可能为树枝蛋)，利用X射线CT断层扫描成像方法研究，在一枚编号为X2-1的恐龙蛋化石(图4-25)的32幅连续扫描断层图像中，有两幅被认为显示了恐龙胚胎的结构轮廓，并解释为胚胎的头颅、上颌、眼眶、脊椎等，蛋长径14.4cm，横径12.7cm，重2.05kg，因种种原因，此项工作未能得出最后结论。

1996年，李酉兴等在1994年研究的基础上，又用同样的方法，研究了河南西峡的16枚椭圆形蛋化石，其中发现一个有恐龙胚胎的雏骨，并进一步用美国GE公司的超高档螺旋CT机Hispeed-Adrantage RP进行1mm间隔的系列扫描和骨密度测量。蛋长径9.7cm，短轴7.6cm，壳厚0.9～1.6mm，蛋壳有5～20mm直径的多边形龟裂纹，经91个系统的断层扫描发现胚胎，蛋内雏骨由头颅、颈椎、胸椎、肋骨、肩胛骨、前肢骨及分异不明显的荐骨、尾椎骨等组成。头颅长20.8mm，宽13.8mm，高12.1mm；眼窝圆形，直径1.5mm，深4mm；颈椎一节，双平型，厚1.6mm，宽4.6mm。每一节呈椭圆柱状，胸椎长6.3～10.0mm，宽6.3～8.0mm；腰椎长6.3～8.8mm，宽5.0～6.3mm。荐椎与尾椎分异不明显，长5.0～7.0mm，宽5.0mm，腰带在三角轴型，蛋中龙头位于近中部，前肢抱头，龙体旋转挠曲。骨密度测量结果为：头颅2316.65Hu，眼窝1869.00Hu，颈椎2306.00Hu，胸椎2212.00～2288.00Hu，肩胛骨2309.00Hu，肱骨2263.00Hu，肋骨2261.00Hu，肠骨2202.00Hu，坐骨2132.00Hu，髋臼2146.25Hu，中部蛋壳2865.00Hu，端部蛋壳2927.00Hu，蛋中围岩1756.36Hu。根据上述数据，推测可能为蜥臀目中肉食龙类的惧龙（图4-26）。

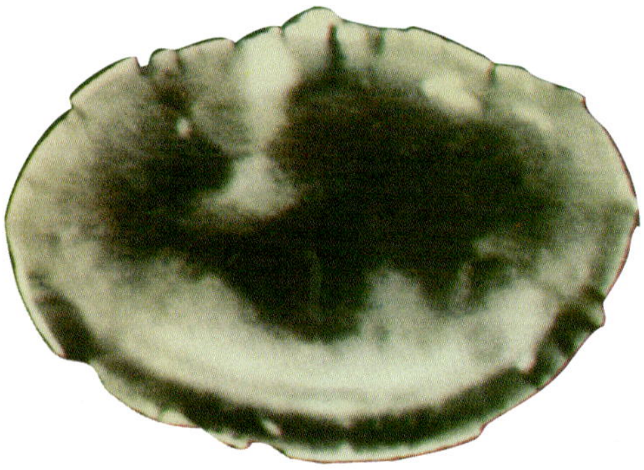

图4-25 郑州大学研究胚胎用的蛋化石（河南西峡）（周世全等，2005）

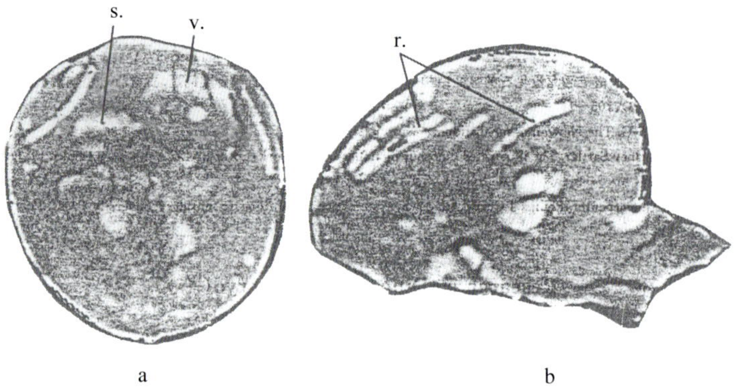

图4-26 李酉兴等研究恐龙胚胎所得出的结果（河南西峡）（李酉兴等，1996）
a.S-头颅，V-脊椎（切面图X1）；b.r-肋骨（切面图X1）

在国外，对我国恐龙蛋内胚胎的研究也有经常性和较多的成果面世。英国《科学》杂志1995年第267期上刊登的一篇文章报道，从河南西峡的恐龙蛋化石中，分析出3种胚胎骨骼，有肉食龙类、甲龙类和龟类，并附有肉食龙类恐龙的照片，蛋化石直径为7.5cm。英国剑桥大学在20多枚河南的恐龙蛋化石中发现一枚世界保存最完好的恐龙胚胎化石。另一枚蛋内发现世界上唯一的龟胚胎。在2006年，我国广东南雄的22枚呈圆形排列的蛋窝直径61cm的一窝长形恐龙蛋，每枚长12.7cm，宽约7.6cm，在美国以42万美元的价格被拍卖，其中分析出19枚含有初具雏形的小恐龙胚胎。其他还有一些类似发现胚胎的报道。这些成果，有的基本肯定，有的发现胚胎发育不完整或需作进一步研究。CT扫描研究蛋化石的胚胎是一项科学探索性较强的工作，所得出的结论还应该在扫描的基础上，对蛋化石予以解剖，相互验证、补充，这样研究出的成果更会切合实际和正确。

5 恐龙帝国的覆亡

恐龙大绝灭事件是地球科学、生命科学研究的重大课题，是推动地质学、生物学、天体学和学科间相互渗透与边缘科学发展的一种动力。恐龙大绝灭事件是地质历史自然阶段发展的必然结果，也是划分地质历史阶段的一个重要因素。在地质历史上有多次生物大绝灭事件，包括寒武统前与元古宙晚期的生物大绝灭、奥陶纪末期的大绝灭、晚泥盆世的大绝灭、二叠纪末的大绝灭、三叠纪末的大绝灭及白垩纪末的大绝灭事件等，至少显生宙以来有过15次明显的生物绝灭（图5-1）。大绝灭也叫类群绝灭或集群绝灭，意思是在全球范围和一定的时间内，有很多生物类别整体地完全绝灭，几乎完全绝灭或者绝灭比例突然升高。100多年来，国内外许多学者，对曾经在地球上称雄1.6亿年左右、有着霸主地位的恐龙，神密地在全球范围内于白垩纪末期突然绝灭原因的研究，众说纷纭，莫衷一是。他们抱着永不消退的痴情，孜孜以求，从不同事实、不同逻辑思维角度出发，试图寻找一个消失的时代，揭开科学之谜，提出了相互间既有联系又相互对立，或者内容不同的各种假说与观点，从某一方面试图解释恐龙为什么在白垩纪末即距今6500万年前突然绝灭。直至今天，不管科学家们用多少文字和多少理论去找出根据，阐明绝灭事件，然而却都是一种不确定的假说或猜想。只要自然科学继续向前发展，人们不断的、努力的探索就是主要的过程。生命起源于物质，生命是物质运动的形式，生命在宇宙中产生出现是宇宙进化的创新事件，是自然规律作用下的一次飞跃。所以地球上物种的产生是暂时的，绝灭都有它的必然性。我们相信，随着科学技术的日新月异的发展，破解这个长期围绕科学界的难解之谜的日子，为时不会太远了。

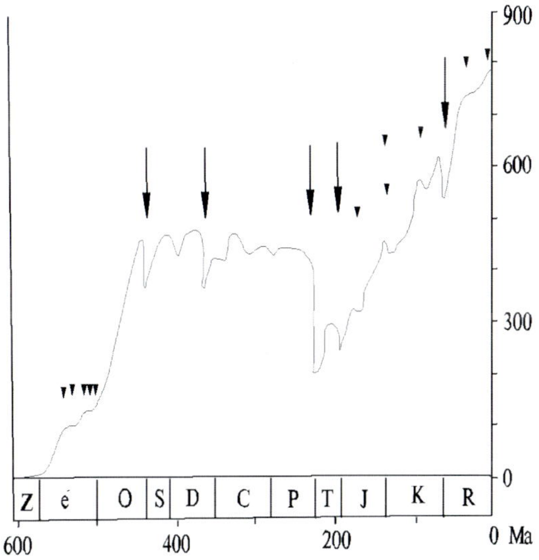

图5-1 显生宙海生物主要绝灭事件及分异度变化

箭号示5次重大灭绝；三角号示较小绝灭（据Raup & Scpkoski，1982；转引自殷鸿福等，1988）

5.1 主要恐龙绝灭学说观点介评

5.1.1 主要学说、观点的种类

恐龙绝灭的学说或观点，据初步统计有40多种。最近，董枝明曾报道这类假说多达60余种，可见世界上的科学家对恐龙绝灭问题的高度关注，不论有多少假说或观点，归纳起来，主要涉及4个方面：

(1)地外因素

20世纪60年代的灾变论，是地质历史时代生物绝灭提出解释的重要学说的一部分，也就是平常说的“祸从天降”、“天外横祸”，这是恐龙灭绝的流行假说。包括超新星爆炸说、小行星撞击地球说、太阳黑子爆发说、巨大分子云闯入说、宇宙射线说、彗星慢杀说、外星人灭杀恐龙说、银河扰动说、太阳耀斑说、彗星碰撞说、太阳伴星说等。总之，他们唯一的办法是到广袤的宇宙中去找恐龙灭绝的答案，这大概对于人们比较富于刺激性和戏剧性，而成为风行世界的一种时尚思潮。

(2)地内因素

这是新灾变论的另一种形式，代表性的假说有地壳剧烈变化说、造山运动说、火山爆发说、地磁场反转变化说、大陆飘移说、岩浆侵入说、风暴特大火灾说等，这类因素多与地球内部物质的对流、溢出等机制有关，引起的破坏多是局部的，对全球性的恐龙灭绝来说，影响范围相对较小。

(3)恐龙生理机能因素

这类因素主要是恐龙本身生理机能方面的原因，主要观点有种族老化说、生物进化说、恐龙蛋壳结构异常说、蛋壳变薄说、遗传基因库缺损说、自身巨型症说、恐龙蛋不能孵化说、免疫欠缺说、食性改变说、食物增加或减少说、迁移争食说、性功能衰退说等。

(4)环境及生态改变等因素

这些因素主要与生态环境关系密切。代表性的观点或假说主要有温差破坏性别平衡说、海平面突变说、大规模海退说、板块运动说、大陆瘟疫流行说、温室效应说、地球臭氧层破坏说、烈性传染病说、大气成分变化说、大规模海底火山爆发说、食物中毒说、食物链基础种类绝灭说、食物链中断说、气候变冷说、气候变化异常说、空气中氧成分减少说、被子植物兴起说、杀生元素氟铱富集说、盐度变化说、食性改变说、饥饿说、环境剧变说、温度增高说、生物竞争说或与哺乳动物竞争说、臭氧层空洞说、冰川说、化学元素异常说、硒中毒说、卵孵化温度高低说、缺氧说、食物来源变动说等。

上述观点或假说，分别进入了理论形成、发展和提供依据的阶段，总之，争论还在继续，被大家所接受的结论仍旧在探索中。

5.1.2 代表性学说或观点评述

(1)“超新星爆炸说”或“超新星与恐龙绝灭”假说

灾变学说产生于18世纪晚期，居维叶根据对法国巴黎盆地中新生代地层和古生物所进行的长期研究，提出突变说，他认为在地质历史发展过程中，存在着全球性的突然发生的剧烈变化的地质事件。化石记录表明，生物在经历一定地质时期后突然消失，取而代之出现新的生物面貌。到19世纪，施蒂勒提出了类似全球性造山带的突变观点。1971年和1973年，以Russell为代表提出了“超新星和恐龙绝灭”的假说，在银河系中的恒星，其质量比太阳大得多，到了演化的后期，靠近太阳系空间的超新星，相距100光年以内，每隔500万年有一次超新星爆炸，当内部核燃料用完时，在自身强大引力的作用下，星体突然塌坍，极短时间内，亮度突然发生变化，增加几千万倍到几亿倍，释放出极高的能量，致使星体发生爆炸，抛射出大量的物质，而产生高能粒子宇宙射线、γ射线和X射线、电磁波等，在原星体处有时还会形成脉冲星（中子星），这些射线几天内就可到达地球，使背景辐射在几天时间内增加到30万倍，并使大气中热量失去平衡，改变大气环流，在短期内形成特大风暴和气温、海水温度突然降低，致使中生代末恐龙等大量生物绝灭。

超新星爆发是恒星世界已知的最剧烈的爆发过程之一，它释放的能量达到 10^{40} ～ 10^{45}J，相当于几十甚至几百亿个太阳一年内辐射能量的总和，即比太阳从诞生（一般说是48亿～50亿年）开始到现在的辐射能量总和还要大，可见它的能量和威力大到何等程度。天文观测表明，超新星爆发的主要能量集中在100～450天相当短的时间内释放，而具有明显的突变特征。银河系中超新星爆发的次数大约每200年内有3次，在近1000年中，已经证明和辨认出的有5颗。在我国北宋史书上即有记载，并已被证实是一个超新星爆发，它的遗迹即现代天文观测到的蟹状星云，还在以1000km/s的速度向外扩散。据徐道一资料，在离地球50光年内，每7000万年可有一次超新星爆炸，离地球小于25光年处，每2亿年有一次超新星爆发。一些研究超新星的天文学家认为，超新星爆发在地质历史时期可能影响地球上的生物、气候等的变化。我国学者赵资奎认为，在太阳系附近每5000万年是否有超新星爆发，目前还不可能从直接或间接地观测地球的覆盖物过程中找到可靠的证据；其次，宇宙射线等高能粒子不可能是直射的，而且要通过星际磁场漫射，不可能在几天内而是要很多年才可达到地球，这样对生物的影响就很小或者不重要，所以他得出结论，超新星和恐龙绝灭假说没有可靠的科学实际依据，而且缺少事物发展的根本原因即内因，而超新星爆发改变环境是事物发展的第二位原因。

（2）小行星或彗星撞击说

小行星的运行轨道在木星与火星之间，形成小行星带，是太阳系的一个重要构成成分。也有一些小行星可穿越火星与地球轨道运行，可直接与地球相撞。小行星总数约1500个，其中直径最大的可达10km，平均在1～2km。据计算，地球与直径大于1km的小行星碰撞的概率约250万年一次，可形成直径大约20km的撞击坑；直径等于或大于10km的小行星，与地球碰撞的概率为3000万年一次。彗星运行的轨道不太规则，与地球的碰撞概率约为1亿年两次。据科学家估计，小行星、彗星撞击地球时能产生的能量和运动速度，一个4～31km直径的小行星，在冲击速度为24.6km/s时与地球相撞，可产生能量 0.3×10^{23} ～ 150×10^{23}J，形成80～500km直径的撞击坑。目前，地球上发现的各个时代的撞击坑100余个，直径自几十米至几百千米，地球表面还发现许多由撞击形成的环形构造。撞击后粉尘弥漫天空，形成长达千年的黑暗冬天，植物光合作用受严重影响，从而使地球上70%的生物，包括恐龙在内的生物灭绝。1980年，许靖华提出彗星冲击说，他主张彗星冲击地球是白垩纪末生物灭绝的原因，彗星的质量平均为 10^{17}g，直径平均20km，落于5km深的海里，所释放出的能量约为 10^{30} 尔格，因彗星含有大量剧毒的CN等物质进入大气和水层后，毒化水圈，气温突然升高，彗星爆发时产生的尘埃阻止生物的光合作用，中断食物链，带来大量的有毒气体和重金属锇、砷的化学毒气以及闪光热等，使恐龙中毒，最后绝灭。

撞击理论在世界上真正形成具有影响力的观点，是在1978年至1980年间，当时美国诺贝尔奖获得者，物理学家阿尔瓦兹父子和他们的同事，在意大利古比奥地区白垩纪–古近纪界线层中，意外地在粘土层内发现了含量很高的稀有铂系金属铱（Ir）的高度集中，最高含量达 9.1×10^{-9}，比其上、下泥灰岩层的铱含量要高出20～30倍，比地壳铱背景值含量高出100多倍，也比陨石中的丰度高，此意外的发现使他们从中得到启示。铱是亲铁元素，碳质球粒陨石Cl型的含量比地壳高约 $6\times10^{3}\sim2\times10^{4}$ 倍，铁质陨石铱含量比地壳高约 $2\times10^{4}\sim4\times10^{5}$ 倍，显然与地外相比其显著亏损。高含量的铱异常，由正常地质作用是极难形成和实现的，而且铱异常又出现在地史上生物大绝灭事件的白垩纪—古近纪地层之间，使他们有理由认为生物绝灭与铱异常存在有直接或间接的重要关系。由此，他们又对丹麦白垩系—古近系的界线粘土层和新西兰的白垩系—古近系界线粘土层进行了采样检测，分析结果表明铱含量是地壳背景含量的138倍和20倍，因而他们认为在白垩系—古近系界线层中铱异常含量是普遍性的，在全球都有分布。铱的成因地内因素形成的可能性很小，可能与地外物质有关。1980年，阿尔瓦兹父子等在《科学》杂志上发表题为《白垩纪—第三纪间生物绝灭的地外成因：实验结果与理论解释》一文，标志着撞击理论的正式提出和诞生，成为新突变论发展的一个新的里程碑，受到最广泛的关注。就在此时，J · Sinit et J · Henogen也在《自然》杂志上发表了“白垩纪—第三纪之交的地外事件”，报道了西班牙东南部白垩系—古近系剖面界线过渡层中铱的含量，比上覆古新统底部岩石高近80倍，比下伏上白垩统顶部高近200倍，过渡层中铱、锇、铑比背景值分别高出450、250和110倍。

撞击理论提出之后的20多年来，世界各地的科学家、学者对包括海相、陆相的白垩系–古近系界线剖面开展了详细和广泛的研究，进展十分迅速，据不完全统计，目前已在世界上各地的白垩系—古近系界线上发现铱异常已有100余处。从1982年，我国科学家先后在前寒武系–寒武系、泥盆系—石炭系、二叠系—三叠系以及白垩系—古近系等重要界线进行了研究，并发现了含量高低不同的铱异常，界线层中的铱异常与生物绝灭事件存在重要的联系。碰撞理论与板块学说一样，应该是一种新的理论，是有利于推动科学向前发展的，但它本身正与科学史上任何一种假说和理论一样，在发展过程中存在着理论与事实上的缺陷，甚至错误。恐龙绝灭是全球性的事件，如果小行星、彗星撞击地球的撞击坑直径在180km或200km，行星直径10km，与整个地球相比毕竟是局部的，它是非常有限的物体，撞击效应也应该是有限的或者是局部的。局部因素不可能导致恐龙在全球范围内突然绝灭。

因此撞击理论不仅在科学界引起了广泛的讨论，也在全世界也有强烈的反响。科学家们围绕这一理论开展了广泛的研究工作，提供了新的证据。因此撞击理论有了重要的发展，主要表现在：①世界各地广泛开展了白垩系—古近系界线粘土层的详细科研工作，据不完全统计，界线铱异常已发现100余处，它的全球性分布为地外成因解释提供了有力支持和证据。②陨击坑的发现，从1980年起，科学家已经找到几个年龄在6500万年左右的陨击坑，但坑的直径太小。1990年，在海地发现0.5m厚的冲击层，而开始把注意力集中到加勒比海地区，并提出位于墨西哥尤卡坦半岛，直径约180km的隐伏环形构造，可能是白垩纪末期的撞击留下的陨击坑。1990年，前苏联学者在西伯利亚北极圈内波尔盖镇找到了一个距今6600多万年的撞击坑，坑直径在100km以上，在印度找到一个长600km、宽450km、深12km的地区为撞击坑，但目前仍在研究中。这些材料，增加了撞击论和支持者的信心。③在西班牙、美国、意大利、丹麦、奥地利、新西兰及亚洲和北太平洋等地白垩系–古近系界线层中，都发现了不同成分的冲击变质矿物，即形成于高温骤冷环境下宇宙成因的高温石英、镍金属球等微球粒。④铂族元素的地球化学行为研究表明，界线样品铂族元素分布模式与地外物质十分接近，而与地内物质相差甚远。尽管撞击论者试图找到更多的证据和信息，力争理论的完善和科学性，但该学说还是遭到了强烈的反对。至目前为止，主要意见是在地球上并没有确切找到规模巨大、具有行星撞击特点的大面积洼地，这是困扰该学说的一个重大问题，至于白垩系—古近系界线层中铱的来源，存在着多种解释，有地内火山事件沉积说、地球化学成因说和正常沉积观点。最近赵资奎等认为，铱的来源与晚白垩世末严重干燥的气候有关，同时铱异常形成时间较长，且在不同地区、不同剖面中铱异常的位置并不具等时性，这就从根本上否定了撞击说立论的根据。1985年10月，在美国南达科他州的腊皮德市举行的古脊椎动物学年会上，300名学者参加会议，118人参加了关于恐龙绝灭原因的调查。结果显示，关于撞击事件有90%的人接受小行星撞击的证据，10%的人否定。关于绝灭主要原因，4%的人接受撞击是主要原因，43%的人接受撞击但不认为是它引起恐龙绝灭的原因，27%的人认为陆生动物的消失不能看作是大绝灭事件。而对界线上的微球粒，反对者认为根本不是冲击变质的东西，而是由火山喷发作用所形成的火山玻璃，它们不仅出现在界线层中，界线上、下的岩层中也能见到。其他如撞击作用效应，对环境的影响和生物绝灭过程与机制等，不但反对者持有异议，而且支持者也存在着不同意见和分歧。

总而言之，撞击理论经过20多年的发展已经取得了很大的进展，同时又存在不少问题。在国际上撞击论的研究工作方兴未艾，我们期望，经过全世界科学家的努力，撞击理论一定会有一个使大家满意的结果。

(3)火山爆发说

该学说由Mclean于1985年提出，他认为，火山爆发时形成大量火山尘埃和一氧化氮等气体，布满地球上空，可形成与小行星撞击地球时的效应。尘埃本身可反射太阳光并有利于云层的形成。云层对太阳具有很高的反射率，而导致气候变冷，变温动物的恐龙，驱体庞大，不易保护而灭亡。俄罗斯科学家在蒙古国境内戈壁大沙漠中，发现不少恐龙骨骼和恐龙蛋化石，碳酸盐化石中含有磷酸盐物质，并有丰富的氟、硫、钡、铅和钍等稀土金属，钍的含量达到0.37%，比地壳含量高出80倍，他们认为是火山活动造成了恐龙绝灭。火山爆发的这种效应在1883年印尼爪哇和苏门答腊间喀拉喀托的海底火山喷发，喷发物和海啸毁没了300个村庄、35 000多人、200种植物和300种动物，潮波达到1.7万km的西班牙与法国之间的比斯开湾，灰雾覆盖面积大于我国华南，并有4km^{3}物质进入同温层，停留2～2.5年，造成显著的蔽光效应，使北半球平均温度下降0.5～0.8℃。我国地质学家殷鸿福等认为华南二叠系与三叠系之交生物绝灭可能是火山爆发造成的。他在二叠系与三叠系界线的粘土岩中(原岩为凝灰岩或保留凝灰质结构岩石),发现火山玻璃、高温石英、长石斑晶及流动气孔构造等,还在粘土岩中发现小球粒数千颗,大部分为铁质、石铁质的,具冷蚀、冷凝等构造,少数球粒为磷灰质的,另一部分小球粒属于藻类化石,与著名的丹麦白垩系与古近系界线粘土层的绿藻类小球粒属同一大类。其次在湖北蒲圻、安徽巢县、湖南桑植等地的白垩系与古近系界线层中的牙形石,均呈白色、灰白色,可能受到高温的影响。在浙江长兴期的百余个菊石产地统计,菊石主要繁盛于含硅质沉积物中,硅质来源与火山物质有关。最近我国科学家在辽宁朝阳、黑龙江嘉荫、内蒙古宁城等地的晚白垩世地层中,发现多层火山灰物质,河南西峡盆地晚白垩世高沟组中含凝灰质的砂岩也达 23 层。中科院郭正副等认为,火山爆发的效应,导致恐龙绝灭。火山喷发时喷发物可达 18 ～ 24km 的高度,穿过对流层到达平流层中,随着大气环流可漂移至全球,有毒气体进入常温层后使恐龙吸入后死亡。这个假说虽然说明了火山物质可漂流全球的途径,但火山物质和有毒物质的量是否足够致使恐龙死亡,还值得进一步研究。尽管火山爆发在局部地区,可造成生物绝灭,但它正和其他的学说一样,不能解释全球性的生物绝灭事件,同时地史中的火山活动,在大多数情况下并不在界线层附近或界线上,就是说与生物绝灭时期不一致。1994 年,印度科学家在研究白垩纪末期的最大规模的德干火山时,找到了界限处的铱异常,界线上两层火山熔岩之间,恐龙化石出现在铱异常层之上。1995 年,美国古生物学家在前者的基础上开展工作,在两层火山熔岩之间,发现一块完好的蜥脚类恐龙股骨化石,据此进而找到巨龙类、兽脚类和甲龙类堆积在一块的恐龙墓,这就显示繁盛的恐龙类动物在白垩纪末期遭到了巨大的灾难。该层位正好是白垩系与古近系界线处,但在大规模火山喷发之后,众多恐龙依然存在,且在火山喷发间隙内,并无任何生物绝灭,此种情况,正好说明火山喷发并不是恐龙绝灭的直接原因,至多是一个辅助因素而已。

(4)地磁场反转说

地磁场反转造成生物绝灭的观点是 Hays 等 1971 年提出来的。地磁场有屏蔽宇宙射线和太阳辐射的作用。在地磁场极性转换的过程中,磁场屏蔽作用减弱或者完全消失,此时太阳辐射和宇宙射线辐射可直至地球,成为导致生物基因突变的重要诱变因素,可以加速生物的绝灭与新生,强烈的辐射冲击,则可形成生物类群的绝灭,极性转换期的低磁场本身也可直接给生物带来绝灭的危险。Hays 对深海放射虫的演变研究证明,在最近 250 万年中有 8 个种绝灭,其中有 6 个种的绝灭发生在极性倒转的附近,对这 6 个种的 40 万个个体作了详细统计,也表明它们在大范围内几乎同时在倒转极性界限附近绝灭。这种反向极性自晚石炭世延至二叠纪末基亚曼反向极性段,这种状况在俄罗斯地台、北美落基山区、澳大利亚、西欧及我国北方石千峰组等都是如此。在意大利古比奥白垩系与古近系剖面界线恰与白垩纪−古近纪−第四纪混合极性超时带的 29R 正向时带一致,该时带的磁性剖面年龄为 6600 ～ 6700 万年,即在古近纪的底界,上述的磁场转向面与断代界面基本相一致,认为生物绝灭似与其有关。反对这种假说的意见,主要认为磁场屏蔽减弱,宇宙射线增加率很小,不足以威胁生物的生命。种群可经自然选择和正常基因重组,可减弱辐射的伤害,消除辐射诱变造成的绝灭效应。总之该观点基础十分薄弱,立论和依据还需要大加补充和完善。

(5)恐龙蛋壳变薄和结构异常说

恐龙蛋壳变薄是我国学者赵资奎等于1978年在研究山东莱阳、广东南雄大量的蛋化石基础上提出来的，他分别测量了两地从下到上7类和6类不同种类的大量恐龙蛋化石蛋壳厚度，并作了详细统计。结果表明：①王氏组中部的恐龙蛋壳厚度总的趋势比王氏组上部厚，数值大体在0.5mm以上。②在王氏组上部和南雄组中，各类蛋壳由下而上不同程度的变薄，其中尤以椭圆形蛋类和瑶屯巨形蛋类最为明显。此外从北美犹他州的类似瑶屯巨形蛋和蒙古国牙道黑达层中的安氏长形蛋蛋壳的厚度，分别为2.7mm和1.7mm，比上述的标本厚得多。在法国南部晚白垩世地层中发现的恐龙蛋化石，其蛋壳厚度自下而上由2.5mm变薄至1mm，而层位为晚白垩世的最上部。由此认为，恐龙蛋壳厚度在晚白垩世的逐渐变薄，可能是它们演化过程中的一个重要趋势。蛋壳的形成是一个很复杂的生理生化过程，爬行动物的钙质蛋壳的形成基本上与鸟类相似，蛋壳除了保护胚胎外，在其发育时还必须提供足够的矿物质参加新陈代谢，蛋壳变薄了就不能满足需要而影响胚胎的正常发育。因此，恐龙蛋壳变薄到无法经历孵化和影响胚胎发育的程度，很可能是恐龙类绝灭的一个非常重要的原因。蛋壳变薄的原因，主要是当时环境包括气候变冷和动植物界面貌的改变，对恐龙类繁殖过程的生物化学平衡产生影响，长期不能从食物中获得充足的钙，不能满足蛋壳的形成对钙的需要，而使蛋壳逐渐变薄。1991年赵资奎等研究了“广东南雄盆地白垩系—第三系交界恐龙绝灭问题”时，进一步认为，我国华南红层和恐龙蛋可能受到微量元素的污染，此时又出现相当严重的干燥气候，过度蒸发，使微量元素更加富集，食物链的运转，使微量元素过多地聚集恐龙体内，从而破坏了恐龙体内生理活动过程中微量元素的平衡，影响恐龙的生殖，形成病态结构的蛋壳，无法保证胚胎的正常发育和降低恐龙蛋的孵化率而不能繁殖后代，使恐龙逐渐绝灭，这一过程大约持续20～30万年。他稍后于1998年，在研究广东南雄白垩系—古近系交界恐龙蛋的铱丰度异常时，进一步认为，在界线的过渡层中恐龙蛋壳含有异常量的铱和其他微量元素，通过食物进入到恐龙体内，然后又沉积到它们所产的蛋壳中，这一过程使恐龙生理功能受到影响，引起蛋壳厚度的异常和蛋壳显微结构病理变化。并且进一步证明发生在晚白垩世最晚期与古近纪最早期的地球化学环境和气候的变化，以及恐龙绝灭的过程，不是一个延续时间只有几年或几百年的短期效应和过程，而是一个延续时间至少在15万年以上的长期过渡效应和过程。通过对广东南雄恐龙蛋的研究，他较全面地对恐龙绝灭的原因、过程和时间作出了解释。陈丹玲等对陕西山阳盆地山阳组内不同层位的恐龙蛋蛋壳的显微结构、物质组成及碳氧同位素、微量元素等作了系统研究，认为恐龙蛋壳减薄，气孔变小，锶的富集和氧同位素升高，是气候干热的表现且末期干烈程度加剧，而形成病理结构的蛋壳，使恐龙无法正常繁殖后代而逐渐绝灭，其绝灭的时间应小于50万年。

赵氏从蛋壳变薄和蛋壳形成病态结构到微量元素污染导致恐龙绝灭的认识，历时近10年，可见对事物的认识总有一个过程，他本身反映了某一种观点或学说，开始建立时是不完善的学说。当然，赵氏的观点，尤其是恐龙蛋壳变薄致使恐龙绝灭的理论，实际材料还不够丰富，理论也不够完善，还有待今后更多的实际材料和全球性的发现去证实。

(6)烈性传染病说

刘燕明等在2002年提出了烈性传染病说的观点。恐龙家族曾繁盛一时，目前地球上众多地区都发现了它生存过的证据，它的衰落绝灭是生物进化史上十分引人注目的一个重大问题。目前科学界较多的人倾向于地外突变事件而使恐龙绝灭，这种解释有它合理的一面，也有一些初步证据，但恐龙绝灭的原因十分复杂，突变性的外因重要，而更直接的原因可能是恐龙本身的问题。在生物家族大规模绝灭的各种因素中，新的烈性传染病是一类特别值得关注的观点。在现代我们经常听到在一些特种养殖业中，有时因为某种病原生物引起绝产绝收的情况，由于人类免疫缺陷使病毒对具有高水平医药科技水平的人群本身产生了危害，如“非典”等也是人们知道的。而野外动物遇上了类似的病魔就在劫难逃了。因此，恐龙的绝灭，可能有烈性传染病流行的背景。微生物是传染病的主导因素，而自然环境的变化又易引起它们的变异，生物间相互作用引起生死存亡是生物进化史上物种演替的主导。面对病原生物的致命威胁，动物的抗感染能力是至关重要的，现代科学证明，脊椎动物抗感染的能力主要是两部分组成：一是天然防御系统，包括皮肤、血管、粘膜及其附属物构成的外部、内部屏障、各种吞噬细胞和体液中杀灭病原因子的分子等；二是特异性免疫系统，主要由可识别特异性抗原异物的免疫活性细胞发挥效应，它是动物进化到脊椎动物后才出现的新功能系统。恐龙属于爬行类动物，通过与它亲缘关系较近的现代爬行动物类的研究得知，其体内免疫系统极不完善，没有完整的淋巴管道和淋巴结，胸腺发育也不好，无皮质与髓质的明显变化，体液中的抗体缺乏多原性，不可能全面胜任应付千差万别的各种特异性病原生物的侵袭。其冷血性质在某种程度上也限制了免疫细胞的增殖速度，很难适应病原的侵袭。推测在白垩纪末期由于某种原因地球上突然出现了多种可突破一般动物防御系统——抗感染作用的新型致病生物，致使恐龙因烈性传染病而大规模绝灭，而冷血动物中一些天然防御系统强化的种类就存活下来。总之，免疫系统的欠缺和烈性传染病是导致恐龙绝灭的内因之一。

(7)温度变化说

温度变化导致生物种群绝灭是Stanley和Valentine于1973—1984年间提出来的。他们认为全球气候变冷可使赤道气温下降，使整个温度带消失，全球气温变热，陆地导致干旱，海洋中可导致缺氧，而产生生物绝灭效应，使生物绝灭。且生物多数种集中于热带，故热带温度下降影响最大。志留纪以来共有14次气候变冷，周期为30万年，一些变冷期与大规模绝灭期一致。温度波动的幅度即温差超过生物类群的临界生存温度时，对温差适应性较大的类群亦可能幸免于绝灭。一些人认为，在白垩纪末有一突然升温和干旱事件，许多动物耐高温的能力远低于耐寒冷的能力，爬行动物类耐高温的极限一般在38～40℃，且多数生物的适宜温度与其生存的最高温度相差仅2～3℃，温度升高影响雌雄的比例，例如鳄鱼的蛋在34℃以上孵出的为雄性，30℃以下孵出的为雌性，只有在30～34℃之间才有雌有雄，蜥蜴也是这样。至于导致升温、降温的动力或原因时，意见并不一致，但一些人主张外星体撞击事件使温度升高或降低，该观点认为在有的大绝灭中，并无温度改变的证据，温度带消失没有事实依据，但总的来说，目前大多数人倾向或同意温度的改变，是生物大规模绝灭的重要原因之一。

(8)海平面突变说

Newell 在 1967 年作过定量统计，认为地史上海平面下降造成陆表海海退与大规模生物绝灭有直接关系。Schop 在 1974 年定量地论述了二叠纪–三叠纪生物绝灭与海退的关系，结果认为科一级的分异度与陆表海面积的关系更为直接，浅海区浸漫陆架的比例由早二叠世 43%，降至晚二叠世的 13%，长兴期除特提斯区与日本外，世界各地均无海相记录，这一大规模海退，陆表海面积缩小和陆架区被分割，使生物过分拥挤，可能导致生物绝灭。白垩纪—古近纪之交的这种对应关系也十分清楚。但是陆表海面积缩小使生物绝灭的机制还尚不清楚。该观点也有人提出反对意见，认为单纯面积缩小，而生态环境不致减少时生物不会绝灭。Staneley 在 1984 年指出，渐新世与更新世间的全球性海退，对海洋底栖生物分异度影响很小，因此海退不一定使生物绝灭。Kauffman 1974 年对白垩纪动物群的分析表明，物种形成速率在海退时尤其在后期加快，否则海进时形成速度变慢，进一步反映了海平面突变引起生物绝灭的理论的不严密性和依据的不广泛性。

5.2 恐龙绝灭问题

我国以恐龙绝灭问题为目的的研究，自 1978 年赵资奎的“晚白垩世恐龙蛋壳变薄的有关问题的探讨”开始，拉开了恐龙绝灭研究的序幕。徐道一、张勤文等(1983)，周磊(1986)及周磊和刘第墉(1987)等，从蛋壳变薄、地外物体撞击、气候变化、海进海退交替等因素，提出了恐龙绝灭的问题。1991 年，赵资奎等在研究《广东南雄白垩系—第三系交界的恐龙绝灭问题》中(第三纪现改为古近纪+新近纪)，又提出了严重的气候干燥，过度蒸发，通过食物链的运转，使微量元素富集，使过多的微量元素聚集到恐龙体内，破坏了恐龙生理活动过程中微量元素的平衡，形成病态结构的蛋壳，而影响恐龙的生殖过程。同时微量元素过量集中在蛋内的营养物质中，而大大降低恐龙蛋的孵化率，使恐龙无法正常繁殖，而逐渐绝灭。这一过程大约持续 20 ～ 30 万年。后来他在 1998 年，又研究了《广东南雄盆地白垩系—第三系(K/T)交界恐龙蛋壳的铱丰度异常》，进一步证明，发生在晚白垩世最晚期到古近系最早期的地球化学环境和气候变化以及恐龙的绝灭，不是一个延续时间几年或几百年的短期效应和过程，而是一个延续时间至少 15 万年以上的长期结果。陈丹玲等在 2001 年研究了陕西山阳盆地白垩系—古近系界限地层地球化学特征、古气候及恐龙绝灭问题，也持有基本相同的观点，认为到晚白垩世晚期，长形蛋科优势类型，蛋壳的厚度指数在垂直方向上从下到上逐渐增大，即蛋壳的绝对厚度减薄，气孔变小，微气孔增多，蛋壳中锶的含量高，一般从 600×10^{-6} ～ $10\,000 \times 10^{-6}$，平均为 3184×10^{-6}，且从下到上呈增高趋势。钙含量明显降低，与环境蒸发量相关的氧同位素$\delta^{18}O$ 在恐龙蛋壳中也从下至上逐渐升高，上述表明，当时的气候属于干热，且末期干热程度加剧。从而影响了恐龙的正常生殖过程，形成病理结构的蛋，使恐龙无法正常繁育后代而逐渐绝灭。绝灭时间的长短应小于50万年。1993年至1998年，周世全等根据河南南阳一带及西峡恐龙蛋化石分布的特点，结合国内外的有关资料，提出了全球性的干燥炎热气候、生态环境的变化和恐龙生理机能障碍，在渐变（即在自然选择）作用下，遗传变异逐渐形成新的物种，突变则是演化的加速和激化，短期大范围内的剧烈变动，两者相结合的复杂时空过程中，在内因、外因相互作用下导致恐龙的最后绝灭。生物的大绝灭并非正常自然规律下生物的衰败，而是生物在有限时间即十几至几十万年内的高绝灭率的一个结果，实质上大绝灭是生物漫长进化中的插曲，并且加速了生物追求发展和进化的趋势，开辟了进化的广阔空间，在生物演化过程中，使生物之间与生态环境之间更加和谐发展。

但是我们是怎样知道生物的大绝灭呢，在地史时期曾经出现种类庞杂繁多的生物，并与地球演化历史的阶段和过程有序的匹配发展。它的演化进化是地质史发展的组成部分。生物死后它们的硬壳部分，在沉积物中经过一定地质作用变成常说的化石，化石客观地展示了地层的时空分布结构。古生物学家发现沉积地层中所含的化石在垂直剖面上同一属种或多数属种古生物化石在下部沉积中还很多，到上部就骤然变得稀少或者全没有，并永久地消失，经过对各属种化石详细统计之后，就不难判断，原来这些属种的生物在此之后不复存在，并且高度的绝灭，超出正常状态的生物死亡的多少倍。由此，科学家们就推论在此两种地层之间，出现一次绝灭事件。这样的生物危机在整个地质历史中，总的出现过几十次。其中显生宙以来，至少有过15次明显的生物绝灭，其中大规模绝灭事件有6次。即寒武纪与奥陶纪之间，奥陶纪与志留纪之间，晚泥盆世法门期与法拉期之间，二叠纪与三叠纪之间，三叠纪与侏罗纪之间，白垩纪与古近纪之间。因此，根据生物演化的前进性与不可逆性及演化的阶段性与地质尺度的短时扩散性等特点的化石记录，来揭示地质历史发展的阶段性与过程，并为地层划分提供客观的证据。

现在，我们依据我国晚白垩纪地层中丰富恐龙蛋的分布，结合地球化学即微量元素组成特征及古气候特点等，提出我们的一些想法和事实，以便进一步讨论恐龙的绝灭问题，引起人们的注意，推动今后更加广泛和深入的探索。

5.2.1 恐龙蛋化石在地层剖面中自下而上减少

恐龙蛋化石在纵向剖面上的分布，在我国研究比较详细的河南、广东、陕西等省的几个盆地中，自下而上在数量、类型等方面的变化，都有一定的规律。河南西峡盆地恐龙蛋化石分布广泛，数量巨大，据初步统计，目前已有7科、10属、21种，主要集中在下部的高沟组内，其次为马家村组，而上部寺沟组相对较少。高沟组内含蛋层位约有10层，蛋化石有5科、7属、13种。中部马家村组含蛋层有7层，蛋化石有4科、4属、6种，而上部寺沟组含蛋层只有2层，蛋化石仅有1科、1属、2种，该组顶部从未发现蛋化石。从上可以看出，含蛋层及蛋化石数量从下部高沟组至中部马家村组，含蛋层减少30%，蛋化石种类减少40.3%，只有副圆形蛋，树枝蛋类延续上来。由马家村组到上部的寺沟组含蛋层数量，蛋化石种类急剧下降，含蛋层减少71.4%，蛋化石种类减少66.7%，蛋窝及蛋的数量大幅度降低，只有副圆形蛋类延续至寺沟组。在淅川盆地、高沟组产树枝蛋一种（应与工作研究程度不够有关），向上在马家村组内有蛋化石4科、4属、5种，至上部寺沟组只有1科、1属、3种，且马家村组内的蛋化石延至上部的一种也没有，含蛋层的变化也与西峡盆地的情况类似，由下而上减少。其他的如夏馆盆地、五里川盆地等，恐龙蛋化石都在中下部分布，而在上部及顶部显著减少或者基本消失。赵资奎等在研究广东南雄盆地地层中的恐龙蛋化石在垂直方向上的分布特点时，提出了同样的认识，在下部的圆圃组中约有9种类型，向上至坪岭组中部，恐龙蛋种类更加多样，共计有12个类型，数量十分丰富，但到坪岭组上部，恐龙蛋种类和数量急剧下降，最后只有瑶屯巨形蛋一种，直到白垩系—古近系交界处恐龙蛋绝迹，并且正好在29R正向磁极性带的中、下部不同层位中消失。在陕西山阳盆地陈丹玲等发现了类似的情况，在山阳组下段上部含恐龙蛋化石2科、2属、2种，向上到山阳组上段下部恐龙蛋化石种类、数量增多，有蛋化石2科、3属、4种，至上段的上部减少至1科、1属、2种，再到白垩系—古近系交界处则不复出现，其他像山东莱阳盆地、江西赣州盆地、湖北郧县盆地及广东河源盆地等地，恐龙蛋化石在垂直剖面上的分布情况及在界线上全部消失的趋势，基本上都是相似的。在恐龙发展演化史上，晚白垩世是恐龙分化发展和最后生存的一个时代，在已知的恐龙属、种中，约有一半生存在这个时代，剑龙类在早白垩世已经衰败绝灭，而角龙类又是晚白垩世时繁盛的一个种和最后绝灭的代表之一。由此可见，恐龙绝灭在类型上也是逐渐减少至绝灭的，需要一个较长的过程。在全世界及我国各地大量成窝的恐龙蛋化石被完整地保存下来，蛋形完整，蛋窝状态原始，且极少被孵化，而在晚白垩世之前或其他地质时代的沉积中极少见或不存在此类现象，这就从另一个重要方面，反映了生态环境的改变使蛋不能有效孵化而保存下来。

5.2.2 晚白垩世的气候干旱、炎热

白垩纪是地史上著名的暖热气候期之一，且具有炎热、潮湿交替的特点。在我国华南、西北、华北及东北的一部分地区的晚白垩世沉积物质以棕红、紫红色的颗粒粗、厚度大的碎屑岩为主，特别在晚白垩世晚期这种“红、粗、厚”的特点尤为突出。我们统计了我国白垩系中上部主要是上部的各类岩石地层单位共计约90个沉积物的颜色，除东北部分地区外，主要颜色都为棕红、砖红色和少数黄色，并且还有部分沉积物中含有石膏、盐类，而有机碳含量特低等，这些特点反映了晚白垩世尤其是晚期的古气候炎热而干燥。古植物是气候灵敏的指示标志，从植物和孢粉化石资料来看，晚期的耐干旱炎热的莎草蕨孢、凤尾厥孢等蕨类分布普遍且呈强势出现，裸子植物中的本内苏铁、银杏和麻黄类及克拉梭粉类的发育占高的比例，而被子植物以山龙眼科、桃金 娘科、漆树科、榆科等为主，这种情况与欧洲白垩纪时炎热、干旱的植被特点较为相似。干旱炎热的气候，在晚期有进一步的更大发展，我国华南、华北、西北等的古气候总的面貌基本相似，而东北的古气候具有一定的地域性。白垩纪晚期既表示有一定的干热气候，又具有暖温潮湿气候的特点。河南南阳一带的孢粉组合以耐干旱的植物为主，未见水生植物，适于荒漠和干沼的草本植物较多，且植被不发育，也是干旱炎热气候的证明。

我国地质科技界的杨卫东，通过广东南雄盆地晚白垩世南雄组中碳酸盐岩石和恐龙蛋壳碳氧同位素的分析，研究了地球表层环境的信息，利用经验公式对古温度进行了计算，他得出结论，认为"显然当时的古温度比现在要高，估计在相当纬度下，比现在高 3 ～ 9℃，证实了白垩纪比现在更温暖"。赵资奎等在分析广东南雄盆地的恐龙蛋壳碳、氧同位素组成时，也提出相同的观点，"当时的气候环境可能发生过显著的变化"，"蛋壳氧同位素的异常增加可能表示当时曾出现过相当严重的干燥气候"，瑞士华裔学者许靖华对白垩纪末的氧同位素的研究，认为白垩纪末气候增高约 10℃。河南西峡一带和陕西山阳盆地碳、氧同位素的研究也证明，晚白垩世的古气候比现在也要高出 3 ～ 8℃。2001 年，陈丹玲等依据陕西山阳盆地山阳组，为一套"红、厚、粗"的一套粗碎屑沉积，砾石大小混杂，成熟度较低，岩石中不稳定的矿物长石、方解石含量高，粘土矿物以碱性、干旱条件下稳定的蒙脱石为主，缺少高岭石，易溶元素氧化钙、氧化钠含量高等特点，认为山阳组形成于干燥炎热气候条件下，并指出晚白垩世晚期气候干热程度更加严重。气候的持续干旱炎热，在强氧化、碱性环境条件下，造成土壤贫瘠，甚至荒漠化，对各类植物的生长繁盛造成严重的威胁，使得我国华南、华北、西北及东北部分地区形成植被不发育，甚至严重荒漠的局势出现。因而素食类的和肉食类的爬行动物恐龙，在高温条件下，既得不到充足的食物和选择食物的机会，又不能在超过最高温度 38 ～ 40℃的耐热性和耐旱的生命极限条件下正常生存，丧失食物进一步造成恐龙生理机能的紊乱和新陈代谢的病态，致使形成不成熟或病态的卵。恐龙是一种变温动物，它的孵化依靠太阳提供热能，超过生存的孵化温度，赖以自然孵化的过程就不能实现。许多生物包括恐龙在内的适宜温度与生存最高温度一般仅相差 2 ～ 3℃。生物对低温承受的能力远远超过耐高温的能力，温度超过极限而导致恐龙绝灭，并严重影响恐龙生殖的雌、雄比例。

恐龙绝灭是全球性的事件，局部或个别范围内的异常事件只能是区域性的，不可能导致恐龙在全球范围内的衰亡和消失。古气候的变化在全球具有普遍性，但干旱炎热气候在全球形成的原因，应该是一种复杂的因素造成的。目前的各种假说，包括目前流行的撞击说在内的某一种作用，不可能具有如此大的规模和效应，而使温度在全球普遍升高。

5.2.3 恐龙蛋壳及岩石中的微量元素

我国恐龙蛋壳的微量元素含量分析测试主要集中在河南西峡、广东南雄及陕西山阳盆地内。西峡盆地在阳城乡任沟、三里庙、张堂、赵营等地，采取的树枝蛋、副圆形蛋等进行微量元素测量，结果包括 20 多种元素，主要有锶、钡、硼、锌、钒、砷、锰、钴、锗、铱、镍、铜、钼、铋、铀、钛及稀土元素等。该元素在蛋壳中的分布，似有一定规律，钒、钡、锰、锌等主要分布在锥体层中，铜、镍、钛等在蛋壳中有一定含量，锶主要赋存在柱状层内，它的富集主要与方解石有关，含量超高，一般含量为 1962×10^{-6} ～ $11\,010 \times 10^{-6}$，平均在 5532×10^{-6}，比地壳的背景含量高出几个数量级。锶是一种分布较广的微量元素，它以类质同像形式进入方解石的晶体结构中，代替其中的二价钙离子，方解石为锶离子的主要载体，锶和钡比值一般为 15.28 ～ 55.67，最大为 57.14，最小为 4.36，锶含量且由下而上呈增高趋势，比值增大，钡含量一般在 $119.9 \times 10^{-6} \sim 272.5 \times 10^{-6}$，个别为 2221.0×10^{-6}。西峡的恐龙蛋壳锶、钡的含量普遍比广东南雄、陕西山阳的明显偏高。锰、锌含量一般超过广东南雄的恐龙蛋壳，而钴低于南雄。赵资奎等在广东南雄盆地选择了大圹乡杨梅坑—逆龙坑的南雄组相对连续露头较好的剖面上，从下而上采取 30 个瑶屯巨形蛋样品，作了微量元素分析，结果表示所有分析的钒、锶、锰、铜、铅、锌、钴、镍、铬等含量的变化异常，都出现在古近纪与白垩纪地层交界附近，锶含量一般在 $2000 \times 10^{-6} \sim 2800 \times 10^{-6}$，最大达 3800×10^{-6}，锰的含量一般在 $1000 \times 10^{-6} \sim 1200 \times 10^{-6}$，最高达 2000×10^{-6}。锶、锰、锌含量超高，就可形成异常结构的蛋壳。钒、铜、铅、锌、钴、镍、铬等的含量一般为 $5 \times 10^{-6} \sim 15 \times 10^{-6}$，最大值 $15 \times 10^{-6} \sim 75 \times 10^{-6}$。陕西山阳盆地依据陈丹玲等的分析结果，恐龙蛋中锶的含量为 $600 \times 10^{-6} \sim 10\ 010 \times 10^{-6}$，平均在 3184×10^{-6}，且由下而上增高，钙的含量相应逐渐降低，锶含量总的比西峡低，而变化趋势却与其相似，蛋壳中除有上述微量元素外，在西峡盆地、南雄盆地、信丰盆地的恐龙蛋中，还含有铱元素，其含量分别超过背景值 100 倍以上和 8 ~ 10 倍。岩石中的微量元素的测试结果，主要有河南西峡盆地、李官桥盆地及陕西山阳盆地等地的资料，分别列表如表 5-1、表 5-2 所示。

表5-1 西峡、李官桥盆地各岩组微量元素含量表（平均值）

岩组 / 含量（$\times 10^{-6}$） / 元素	西峡盆地									李官桥盆地		
	高沟组			马家村组			寺沟组			胡岗组		
	平均值	最高值	最低值	平均值	最高值	最低值	平均值	最高值	最低值	平均值	最高值	最低值
锶	105.1	148	74	157.7	288	97	155.1	183	128	144.14	300	56
钡	447.6	555	270	514.8	656	364	540.1	666	400	331.4	552	104
硼	50.58	65.20	32.60	42.68	70.9	18.6	46.0	77.9	302	25.28	61.3	2.1
锗	10.83	17.79	3.25	11.50	21.15	5.08	11.84	21.25	5.48	4.55	18.03	0.33
锶/钡比值	0.240	0.389	0.1349	0.3126	0.5925	0.1716	0.2983	0.4550	0.2027	0.623	1.837	0.1087
有机碳（%）	0.195	0.50	0.06	0.357	0.64	0.03	0.168	0.41	0.05	0.183	0.32	0.04

引自周世全等.《中国南阳恐龙蛋》，2005

表5-2 陕西山阳盆地山阳组岩石微量元素含量表

元素	锶	铜	锰	铅	镁	铬	钒	钡	硼
含量（$\times10^{-6}$）	100	20	400	40	800	10	100	400	40
	300	50	500	20	2000	100	100	500	100
	200	50	400	20	1500	100	100	400	100
	400	30	500	20	1500	150	200	700	50
	400	50	500	20	2000	100	50	500	100
	200	50	500	20	2000	100	200	400	100
	200	20	600	40	600	10	100	1500	30

引自陈丹玲等，2001。

微量元素异常和有毒性的微量元素，经食物链进入恐龙体内，然后经过消化循环系统运移至蛋壳中，引起蛋壳厚度异常和蛋壳结构的病变，微量元素毒性对生物影响的程度，不但与元素化学性质和生物的类型差异不同，而且与生物本身吸收程度及以后的转化过程与形式的差异有关。任何生物都需要微量元素，过多或过少都会破坏恐龙体内生理活动过程中微量元素的平衡，引起病变。关于微量元素引起恐龙蛋壳的病态结构方面，赵资奎根据实验结果认为，对蛋壳有机基质和碳酸钙的形成都有影响，产生病态是完全可能的。并且推断恐龙绝灭可能与当时的环境变化，特别是微量元素的富集有重要关系。

5.2.4 恐龙蛋壳的病态结构

恐龙蛋壳病态结构特征，在河南西峡盆地和广东南雄盆地的蛋化石中，研究较为详细，主要病态结构表现在以下几个方面。

(1)蛋壳厚度异常

在西峡盆地发现的大量恐龙蛋化石中，大部分各类蛋壳厚度和结构大体都有一定的变化范围。树枝蛋类壳厚在 1.0 ～ 2.1mm，柱状层与锥体层之比为 1∶4 ～ 1∶10。副圆形蛋类蛋壳厚为 1 ～ 2.9mm，锥体层厚一般 0.3 ～ 0.9mm，约占蛋壳的 1/3。棱柱形蛋、南雄蛋壳最薄，分别厚为 0.6 ～ 0.8mm 和 0.6 ～ 0.9mm，锥体层厚一般 0.1 ～ 0.12mm 和 0.1 ～ 0.15mm。长圆柱蛋类蛋壳较厚，一般 1.2 ～ 3.2mm，最厚达 7mm，网格蛋壳厚 1.5 ～ 2.8mm。总的来看，以长圆柱蛋、网格蛋壳平均厚度较大，且一般稳定。蛋壳的厚度变化，不同类型的蛋在纵向上或水平方向上都是不同的。在同一剖面上，有的向上变薄，有的变厚，在同一窝蛋的蛋壳厚度也有不同，甚至一枚蛋在不同的部位厚薄也不同，分布在蛋窝边部的蛋壳相对薄，中间的相对厚些。在阳城的南北宅一带，于马家村组中部灰色钙质细砂至中砂岩中，见到5枚一窝（不完整）的恐龙蛋，属树枝蛋类，蛋径约13cm，保存完好，在放大镜下观察，均无蛋壳或者局部有非常薄的蛋壳存在。它如何保存下来值得进一步探索。广东南雄的恐龙蛋的蛋壳厚度异常同样存在，据赵资奎等发现的12个类型的恐龙蛋中，除少数类型外，绝大多数类群的蛋壳厚度一般都显示出较大的变异范围。在南雄组下部蛋化石壳一般厚一些，变化相对较小，而至上部厚度变化范围相对较大，他在9个剖面中，逐层采集到4个类型的蛋壳共15 435块，统计表明，各类蛋壳的平均厚度变异范围较大，在剖面上40～100m的范围内蛋壳厚度表现出更大的异常。他统计的山东莱阳的7类恐龙蛋化石的厚度，下部比上部厚，尤以椭圆形蛋最为明显。在北美犹他州的白垩纪地层中类似的瑶屯巨形蛋，蛋壳厚度平均2.7mm，蒙古国牙道黑达组中的安氏长形蛋平均厚1.7mm，比山东、广东的都厚。法国南部晚白垩世的恐龙蛋化石从下至上也变薄，变异范围较大。

（2）蛋壳的病理结构

依据河南西峡和广东南雄两地的恐龙蛋化石，用光学显微镜和扫描电子显微镜的观察结果，蛋壳病理结构特征的主要表现，将两地分别概述如下。

西峡盆地的恐龙蛋壳含有超量的锶，且多分布在柱状层中，从而使蛋壳变薄、变脆。锥体层与柱状层在正常情况下有一定比例，从统计结果看，树枝蛋类的锥体层与柱状层之比在1∶10或1∶4，副圆形蛋类在1∶3或1∶4，长圆柱蛋类的锥体层约占蛋壳的1/5或1/8。出现不正常或异常的不在少数。蛋壳结构的病变，在不同的盆地、不同类型的蛋都有一定差别，但病理结构蛋的分布有一定的普遍性，其他像双层蛋壳或双层锥体结构的恐龙蛋，也是存在的，但分析材料尚少，应作进一步研究。

广东南雄的恐龙蛋，根据赵资奎的材料，主要表现在：①锥体层和柱状层厚度比例异常。例如瑶屯巨型蛋在正常情况下两者之比在1∶3，异常时则为1∶1或1∶5。②双层锥体及多层锥体。在两者之间，局部夹有一层或两层以上重叠的锥体，大部分出现在瑶屯巨形蛋、粗皮巨形蛋和巨形蛋3个类型中。③在锥体层之间及靠近外表面的柱状层中，具有不规则或圆形的空隙，在安氏长形蛋、长形长形蛋和巨形蛋中见到。④柱状层中局部有不规则排列的方解石晶体，多见于安氏长形蛋内。整体看具有病理结构的蛋一般可占20%～35%，界线附近更高，异常结构的蛋的比例可达75%。

由上述两地恐龙蛋的病理结构特征表明，恐龙生殖系统的生理活动发生了暂时或长期性的障碍，而产生病态结构的卵，便无法保证胚胎的正常发育和繁殖后代，使恐龙绝灭。

5.2.5 恐龙绝灭问题

白垩纪末期至古近纪初期是生物发展演化、大变革的重要地质历史时期，在复杂的地史演化过程中，任何生物的发展和衰败、变异特化直至绝灭，促进新的生物不断繁荣和向着更加高级的新生物方向演化，这都是自然规律制约的结果。生物的发展、绝灭有时存在一定的反复性，新的生物属种的发展需要一个过程，旧的生物也可出现极短的繁荣，新生物代替旧物种，在某种意义上是形态的变化，物质能量的转换，所以新物种的产生是旧物种灭亡的结果，是生物遗传和生理机能特征跃变或突变的最佳形式，整个生物演化史就是最好、最充分的证明。生物的大量绝灭，决不是某种单一因素或原因造成的，它是各种复杂矛盾包括地内、地外、生物自身和环境等控制生物演化的自然因素，并且作用于全球的因素相互发展，相互制约形成的结果。由于各种因素在生物绝灭过程中所起作用的主导性程度、时间长短及生物自身适应性的不同，而使各类生物的绝灭程度参差不齐或出现相反的情况。灾变或突变是当代恐龙绝灭颇为盛行的观点，认为地质灾变事件，是迅速改变全球地质环境的一种基本动力，撞击事件使恐龙绝灭。支持该学说的依据主要是在全球的白垩纪—古近纪界线层中发现 100 余处铱异常和界线处生物大规模绝灭，碳、氧同位素异常以及微球粒、冲击石英，陨击坑等方面的材料。灾变或突变只能在一定条件下诱发和促进或加速恐龙的灭亡，地外、地内因素形成的各类大、小灾变，影响的范围相对于地球来说是局部的，因而绝灭的效应受到极大的限制。突变与渐变是事物转化的形式，在不同场合和条件下，两者的作用及大小是不相同的，突变是一种外因，是事物演化的加速和激化，外因在事物的变化过程中，一般不起主要或主导的决定性作用。地史上每次大规模的绝灭基本上是按生物的分类系统进行的，而不是按生态系统绝灭的，处于同一生态系统下的不同生物类群，有的绝灭、有的不绝灭，而且还往往出现生态替代，新生的哺乳类占领恐龙原来的生态领域，相似生态的双壳类取代了腕足类。因此绝灭的生物是处在衰败、高度特化或者过低适应生态能力的种类。由此可见，大规模的生物绝灭因素主要是对生物遗传和生物特征的作用，而不是对不同生态适应性起作用，所以绝灭的主要是已经衰败、老化和特化的种类。恐龙绝灭是全球性的事件，在所有种类生物绝灭因素中，古气候的变化在全球具有普遍性。晚白垩世的持续干旱和高温气候长达 30 万年，尤其在晚白垩世最晚期到古近纪最早期的气候严重干旱炎热。长期持续的干旱炎热，使恐龙生理机能发生对环境适应的转化，不能转录的种系基因在其内的含量百分比增大，逐渐使生物提供新突变、适应环境的能力下降而老化、特化，适应生存环境的范围愈来愈小，生存条件、食物类型越来越特殊，自身抗干扰的能力非常脆弱，当有外部因素的灾变事件等诱发时，就会加速恐龙的绝灭。恐龙绝灭是一个长期效应和过程，一般时间在 30 万年左右。

恐龙绝灭是一个复杂和涉及面非常广泛的领域，目前已有的观点、假说，都注重某一个侧面或一个方面的研究，或者只讲绝灭原因，或者只讨论绝灭方式，其实，两个方面是不能分开的。这反映了地史中生物绝灭信息的浩大和研究的不全面性。任何生物的发生、发展、衰亡，都是自然演化过程中各阶段的必然结果。由上述可见，恐龙绝灭问题的研究，应在注重恐龙生理和生态环境包括地内、地外灾变及其他原因引起的环境改变，用突变与渐变相结合，相互渗透制约的系统观点，科学地探索恐龙的绝灭问题，如果这样，就可能在恐龙绝灭领域的研究中，开拓出一条论之有据、言之成理的新理论、新假说，真正揭开生命发展史上卓越的生命史诗的篇章。

6　恐龙蛋化石的价值

恐龙蛋化石是古生物化石，属于一类珍贵的古蛋类及罕见的自然遗产。赏石界又视它为遗迹(遗物)化石观赏石。它是研究恐龙绝灭、地质灾害事件的直接信息载体，具有重要的科学研究、观赏、经济和文化价值。

6.1　科学价值

化石是地质历史时期古生物学研究的对象，属于自然科学的范畴，它是反映地球客观和生命本质规律的知识体系的重要组成部分。科学价值是恐龙蛋化石在人类社会的自然科学事业发展过程中的作用。科学家不制造任何产品，而只是揭示、开拓自然界中隐藏的真实秘密，在大自然的词典中，可以充分发挥大脑无限的想象力，创造人类美好的未来。恐龙蛋化石蕴藏着关于地球、生命和天体的巨大的科学信息，是研究它们的重要的直接的信息载体。

6.1.1　相对地质年代和地层系统建立的主要依据

恐龙蛋化石是中生代地层中的重要化石记录，是地层中的特殊文字、石头大书，记录着中生代时期的地球活动的历史，并根据它在我国和世界上地层中产出的特性，可对中生代的地层进行划分，确定它们的相对地质年代。恐龙蛋化石在我国及世界上，主要产于白垩纪，尤其是晚白垩世地层中，它是划分白垩系与下伏的侏罗系、上覆的古近系界线的最佳化石，是人类开启地球迷宫的重要“钥匙”之一，并由此可建立全国性或世界性的白垩纪地层系统和相对地质年表，进行大区域的地层对比，故恐龙蛋化石在地层时间和相对年代的确定方面，具有特殊的科学价值。

6.1.2　恐龙蛋化石是生物进化演化的重要证据之一

最初地球上并不存在生命，直到大约 38 亿年前，才有最原始的生命活动的物质记录，生物进化是不可逆的、前进的，并有演化的阶段性和多过程性。寒武纪时地球生命的大爆发，最典型的是澳大利亚伊迪卡拉动物群，我国云南澄江动物群等，目前在世界五大洲都有发现。恐龙和恐龙蛋是生物发展进化史上最壮丽的篇章和史诗，从两栖动物的胎卵生进化到卵生，从水中进化到陆地上，完全摆脱了水环境的束缚，在地球上统治了 1.6 亿年左右，是生命进化中的又一重大事件和生命进化中的一个阶段。动物界的发展经历了从单细胞到多细胞，从原生到后生、从水生到陆生，从变温到恒温，从卵生到胎生等重大协同创新发展，直到新生代大量哺乳动物和高等智慧生物——人类的兴盛发达。

6.1.3 古蛋类学研究的物质基础

古蛋类学是生命科学和地质学、天体学结合的一门边缘科学。古蛋类包括恐龙蛋、鸵鸟蛋、龟蛋、鳖蛋、鳄鱼蛋等类，恐龙蛋是古蛋类学研究的对象，为恐龙的繁殖习性行为、生态环境和恐龙演化绝灭等研究的直接证据。它所蕴藏的重要的信息，是古蛋类学研究的物质基础，对推动古蛋类学的完善发展，具有重要的影响和一种不可缺少的动力。

6.1.4 沉积矿产寻找的向导

恐龙蛋化石产出的层位，在我国及世界上主要产在白垩纪地层内，白垩纪沉积中的矿产十分丰富，主要有石油、石膏、煤、油页岩、凹凸棒石、铜、褐煤及铀、金、银等伴生矿产。这些矿产明显受地层的控制，即是说，只要具备其他的成矿条件后，地层时代的研究和确定，就是寻找这些矿产最重要的前提和向导。找到恐龙蛋化石，就知道地层年代为中生代，基本上在该区就有找到上述矿产的可能，这样可以减少找矿走的弯路，缩短找矿周期，减少资金的投入。所以，恐龙蛋化石是寻找有关沉积矿产的向导。

6.1.5 恐龙蛋化石是古地理、古气候及古环境恢复、重建的重要素材

恐龙蛋化石是地质历史某一阶段的产物。它蕴藏着古地理、古气候及古环境等方面的大量信息，通过恐龙蛋蛋壳和恐龙蛋与含蛋沉积岩两者的相互关系的研究，就可以了解那个时期有关这些方面的情况。恐龙蛋一般埋藏在地形较平坦、沉积物较细的洪泛平原沉积或冲积扇的远端及湖的边部，这样可推测当时的古地形是相对较低、较平的。而恐龙蛋壳从早期到晚期，气孔道的数量与分布形态、大小是不同的。柱状层与锥体层的厚薄、有无，都是指示古气候的重要证据，由早到晚，蜂窝蛋类的蛋壳结构适应潮湿、炎热伴有短期干旱的气候，过渡类型的树枝蛋类的蛋壳结构，显示较干旱和炎热的气候环境，而晚期的圆形蛋类、椭圆型蛋类、长形蛋类的蛋壳结构，则更适应干旱炎热的环境。由此，可推断晚白垩世时古气候总体是干燥、炎热的气候特点。

6.1.6 恐龙蛋是恐龙绝灭的直接证据

恐龙蛋从我国及世界各地赋存的地层看，绝大部分集中分布在白垩系，尤其在晚白垩世地层中，它的大量集中与恐龙群居、产蛋率高及埋藏、搬运、古气候等因素有关外，恐龙蛋未被孵化或者孵化率极低，与恐龙生殖机能、新陈代谢发生障碍的结果有直接的关系。因此，恐龙蛋在晚白垩世沉积内的大量存在和分布，应是恐龙绝灭的直接证明。

只要生存的地球存在，地质科学不仅会存在，而且会不断地向更高的水平发展。恐龙蛋的科学价值是众多方面的，其他如恐龙的生活习性、繁殖行为以及恐龙绝灭的研究为人类提供的借鉴、大地构造与盆地的关系等，在这里不再赘述（可参考 1.4.2 节）。

6.2 观赏价值

观赏实质上是人们在思想感情方面对恐龙蛋的赞赏和赏玩以及对它特点的领略，是陶冶情操，开拓眼界，激发美化人们心灵和精神上的某种寄托。因此，观赏恐龙蛋化石要采取超脱和淡泊名利的思想，才能使自己和周围的人们净化和培养高尚的精神生活。而审美则是想象和移情与心理距离的综合。意识是世界上人类最美的机能，人脑是意识的器官，是一个原材料的加工厂。意识来源于物质世界，但人的意识具有社会性和能动性，使世界变得多彩纷呈。恐龙蛋的观赏价值是多方面的，概括起来主要有形态美、排列方式美、结构美及珍稀美等。近 20 多年来恐龙热潮在世界和我国此起彼伏，一浪胜似一浪，随即掀起崇尚恐龙蛋观赏收藏的风气，但怎样观赏，如何审美，美在什么地方，则需要我们具备一定的对千变万化的美的形态、结构等的观赏识别能力和一定的素质修养。

6.2.1 形态美

美是具体可感的形象，凡是美都具有形象和被人们的感官感知，是事物的一种性质，是美的载体。人们在享受美的过程中，部分人追求在相同事物中产生的和谐美，而部分人则追求对立、矛盾事物中产生的和谐美。因此美的本质就是一种和谐，是人天生的可贵的一种体验。世界上的美千姿百态，而形式美是外观形态。恐龙蛋化石呈圆形、椭圆形、长圆柱形、次圆形等，且不同类型大小不等，颜色多样，形态丰满，规整，蛋壳上有时具瘤状、线状纹饰，成岩作用过程中，蛋壳形成与龟裂纹相似的裂缝，蛋化石的这种憨实、稳重，又奔放、脱俗和厚实的形象，给人以愉快身心、浮想联翩的感觉。如果在成岩作用中被压扁、压变形成其他奇奇怪怪的形状等，又会给人一种独特的具体的心灵感受。恐龙蛋具有灰、黄、棕红、暗红、浅灰褐、褐灰等不同颜色，使人产生情感效应和对色彩产生联想。形式美在美的观赏中具有特殊的作用，人们常可忽略美的内涵，而把形式或外在美看成是独立的审美对象，因为有些美的形式胜于内在美。当我们在观赏或欣赏恐龙蛋时，有时假的或仿制的在外表形式上比真的还好看，具诱惑力，这时我们应审慎地观赏和观察。

6.2.2 蛋窝排列方式美

恐龙蛋化石一般在岩层中成窝产出，少则几个、十几个，多则在几十个，据报道，河南西峡产的个数最多的一窝达到 61 个，广东南雄最多的一窝达 36 个。蛋在蛋窝中排列的方式，总体归纳起来有 5 种，细分则更多。主要是呈圆形或椭圆形放射状排列、规则平行排列、交错平行排列、立式或倾斜式排列、随意排列及其他各式各样的排列的蛋窝，这些排列方式是人们喜爱的。蛋窝展示方式使人联想恐龙筑巢建窝产卵育子具有的习性。有意思的是，蛋有时是两枚在蛋窝中规则地排列在一块，研究证明恐龙具有双卵管，下蛋时就一次产两个，不像以前人们认为恐龙是十分笨拙的东西，实际是一类较有智慧的动物。蛋窝内蛋的排列方式，既展示了恐龙高超的筑巢能力和智慧，给人以观赏，而且又把它绝灭前的各种信息告诉人们。以它的生活方式展示了自然美，在人们认识和掌握符合形式美的整齐、秩序、对称、平衡、和谐、明确、规律的自然美特征，以及蛋窝的各种排列方式，然后观赏蛋化石则更会留给人们极多的遐想，而被人们去探索、思考。

6.2.3 结构美

结构美是恐龙蛋壳和蛋心（核）的矿物成分与石化程度的综合反映。蛋壳的矿物和化学成分都是多种成分组成的，其包含的元素在几十种以上，矿物主要是碳酸盐类的方解石、文石等，蛋壳厚一般 1.5 ～ 5mm，最厚在 7.5mm，一般由柱状层、锥体层组成。蛋心成分主要是以含各种砾径的钙泥质及碎屑沉积物组成，在广东河源及南雄、河南西峡及内乡、江西赣州、安徽齐云山等地，蛋心成分少部分为碳酸盐类矿物的方解石，晶粒粗大，晶形完整，呈半透明的菱面体，蛋体完整结实，宜于长期保存；而碎屑沉积物蛋心的结实程度比碳酸盐类的较差些。蛋体内各种碎屑物及碳酸盐矿物排列和谐或者杂乱展布，都是结构美的一种展示。

6.2.4 珍稀美

恐龙蛋化石据目前研究的成果，基本上是 6500 万年前的一种古蛋类化石，是恐龙灭绝的一种极为重要的物证，它属于一类珍贵的自然遗产。目前，在世界五大洲都有发现，涉及几十个国家，其中主要是中国、美国、蒙古国、加拿大、法国等，但其完整成窝、状态原始、排列有序、蛋体完好的恐龙蛋化石，在世界上极为稀少，产地极为有限。中国有句老话："物以稀为贵"，特别是状态原始、成窝的和有恐龙胚胎与恐龙雏骨的恐龙蛋化石，是十分稀少和珍贵的，是价值连城的无价之宝，此种蛋称之为"金蛋"。据统计，发现胚胎和幼雏的机率是万分之一左右，这种胚胎和有恐龙小雏的蛋化石为恐龙的生理学、行为学和恐龙时代的环境、恐龙蛋化石的分类等，提供了最好的素材。

6.2.5 悠久美

地球已经有 46 亿年的历史，而恐龙蛋最早出现在晚三叠世，年龄约在 2.2 亿年，最晚在晚白垩世，距今约 6500 万年。恐龙蛋悠久恒存，记录了恐龙世界的兴衰历史，代表了地球演化、生物进化的一个阶段。可以"为代表地球演化历史主要阶段的突出模式"，"为代表地球的主要阶段包括生命记录的突出模式"。当你在观赏恐龙蛋时，可穿过亘古的时空隧道，遥想 6500 万年前恐龙曾经的辉煌和消失的悲惨境地，犹似我们朦胧记忆中的一场酣战的场面，它所反映的意境和回味无穷的思索，使人们永远留下无穷的自然美的魅力。是人类开启地球一个阶段历史的向导。

6.2.6 神韵美

恐龙蛋化石是一种物质形态，蕴藏着形式美的多种内涵，由此给人观赏之后产生抽象美或内在美，即是神韵美。恐龙蛋化石凝结着自然的力量和自然美的形象，观赏时，要充分消化，取其精华，避其偏颇，可以借蛋言龙，抒发人的感情，领略蛋的意蕴，或者使人产生快感和美感。就是说当人们与蛋化石发生联系时，产生了自然美，随着时间的增加与推进，这种美就日渐丰富。在恐龙蛋发掘并清理其上的碎屑，经过人劳动加工后的美，就显示了人的力量和智慧，更增加它的神韵美，就是说，当恐龙蛋通过人的感官传达到大脑，经过感觉、知觉和表象三种形式的结合与人脑的加工综合而产生意识，反映事物的外表和内在的本质及多样性。当然人脑是自然界中最复杂、进化最高级的物质系统，没有人脑这种特殊机体就不能有什么意识，也更不会有什么神韵美。这种美，是人精神生活的重要组成部分。与欣赏诗词歌赋时，体味的神韵似有异曲同工之妙的效果。因此，自然的物质就像巍峨的泰山、浩浩的长江、汹涌的大海等，只有当人类赋予它们的意涵之后，才可产生神韵，故神韵美既离不开自然和大地，同时需要依赖人和人类社会，才可能有神韵的发生、发展。因此，它既是地质科学的重要组成部分，又是社会、人文、科学所赋予深刻内涵的展示。

6.3 经济价值

恐龙蛋化石古生物遗迹，在类型、古生态特点及多样性以及所蕴含的大量科学信息等方面，都具有重要的经济价值，恐龙蛋所蕴藏的科学信息，经探索发掘取得的研究成果，可以为社会发展、改善生态环境和自然环境，防灾减灾等领域提供有益的参考和借鉴，以减少国家在防灾、减灾、建设生态环境等方面的资金投入，进而为社会的发展规划提供依据，避免错误决策造成的经济损失。并通过恐龙蛋古生物遗迹的保护，改善当地的生态环境，推动区域经济的良性发展和社会文明进步，这是一种巨大的潜在经济价值。通过科普知识讲座，参观、宣传、组织夏令营等活动，提高青少年和广大群众的文化生活品位、科学素质，推动组织国内外的学术交流，促进当地对外开放和经济科技合作的水平的提高，上述种种，都可体现出良好的经济效益。

我国的恐龙蛋群分布区，大多交通便利和有较多的人文、自然景观等旅游资源。可以以恐龙蛋化石为主体，组成多位一体的旅游资源综合体，多元相互配合，形成多层次、多方位、多结构的旅游体系，集胜迹旅游、景观旅游、地学旅游于一体，提高旅游质量，促进旅游业的发展。一个新型旅游业的发展一定会带来更多的商业信息，吸引投资，增加就业机会，缓解就业压力，改善社会治安秩序，并可加速新旅游产品的开发和带动第三产业的发展，扩大培育经济运行质量和增加新的经济发展方式。同时，在具备条件时，还可建设专门的恐龙蛋化石博物馆，进一步吸引增加游客数量，扩大科普教育基地，增加收入，更加集中体现恐龙蛋的经济价值。中国西峡恐龙蛋化石博物馆，第一期工程投资6800万元，于2006年7月建成，正式对外开放，至2008年4月，已接待来自丹麦、德国、印度、美国、英国、韩国、日本等国和香港、澳门、台湾地区的游客150万人次，旅游综合收入8000余万元，获得了良好的经济效益。目前，西峡恐龙蛋化石博物馆是河南省青少年夏令营基地，河南大学、中国地质大学（武汉）的科教基地，南阳师范学院、南阳理工学院产学研究基地。

美国、英国、法国等最著名的自然历史博物馆，展品丰富，包括恐龙蛋化石、恐龙化石、矿物晶体，岩石标本和其他古生物化石等几十大类，每年参观人数在100～300万，体现了恐龙蛋和其他标本的巨大经济价值。这些博物馆有些是政府筹建的，有些是私人筹建的，有些是政府和私人合资筹建的。博物馆具备了科研、教育、保护、发展地方经济等多种功能，大部分博物馆的建立，联邦政府的投资远远少于团体、个人和社会的资助，他们的这些作法和经验，值得我国博物馆建设事业大力推广，只有这样，最能体现古生物化石的价值，推动科学研究事业的发展。

综观上述，恐龙蛋的经济价值体现在各个方面、各个层面上，包括社会发展、生态环境、科学研究、旅游等。只要坚持认真的科研、保护、开发利用和转化，恐龙蛋的经济价值就有着更加广阔的空间和领域以及巨大的、显现的与潜在的经济价值。

6.4 文化价值

文化是人类认识和改造世界的精神成果，是一种历史，也是社会实践活动的产物，是社会发展的主要内涵和表现，各类科学都是一种特殊的文化。文化具有两个鲜明的特点：一是人类追求自由创造性活动的体现和与时俱进的过程与不断自我解放的过程；二是文化具有精神性、社会性和规范的行为模式性质。恐龙蛋本身无所谓文化，而是一种文化的载体，然而，它一旦被人们通过思维、想象、研究认识和利用，恐龙蛋就注入了文化的色彩和人文内涵。文化就像《列仙传》中记载的神话故事，“点石化金”的妖术和灵丹一样，把神秘恒久的恐龙蛋赋予精神，把文化的特有魅力注入恐龙蛋中，为神奇的蛋化石锦上添花，增色添辉。因此，恐龙蛋的文化价值，实质上是恐龙蛋与文化的结合与联姻，是使人们的信仰、思维、情操、道德、风俗、经济，经过恐龙蛋内部所蕴含信息的一种展示。近20多年来，随着恐龙热的此起彼伏的发展，观赏石家和学者，又将恐龙蛋列入大众最喜欢收藏的、令人陶醉和诱惑的古生物化石观赏石。收藏者、爱好者、博物馆、教育部门、科研部门及商界等各方面的社会人士，对恐龙蛋的收藏愈来愈感兴趣。在国内已经发展成一种潜在的时尚，收藏的人数在增加，地域在扩大，基本遍及北国南疆，东土西域，收藏者及爱好者现约有300万之众。收藏的目的是观赏与把玩，他们认为是一种文化式休闲，知识型娱乐。把恐龙蛋人格化、神秘化，可以疗养大脑，排除孤独、压抑感，保持心理平衡，陶冶情操，美化心灵，借助移情的作用，浮想联翩，弥补心灵的创伤，使之更加热爱自然，热爱生活。慢慢为蛋所痴迷，赏蛋励志，修身养性，谈古论今，题诗作赋。部分人把它当作礼品、纪念品赠送他人和权势者，包括托人办事、上学、升职、调换工作等。接受馈赠的人，比较喜欢恐龙蛋，他们收礼的宗旨不同，差别很大。大部分是出于稀奇而收藏的，并不了解恐龙蛋的文化内蕴和收藏的意义，跟在别人后面学一点、说一点；少数人则掌握有一定的恐龙蛋知识，对收藏也有基本的认识，也懂得恐龙蛋化石的大体保护方法，一般摆放在家中的书房或客厅内。博物馆人员、科技工作者少量收藏的主要目的是向广大公众展示、参观、科学研究，探索恐龙蛋、恐龙蕴含的科学秘密与信息，使之为社会服务，或者创办恐龙蛋、奇石博物馆，传播知识、教育群众和青少年，发展古蛋类科学事业。还有一部分商界社会名流、富裕家庭等，他们收藏后，摆在自己家中的珠几锦桌上，炫耀身份，表现自己知识的丰富、高雅。另外，还有些人带有迷信的思想和色彩。龙是中国人崇拜的吉祥物，是我国从古至今的图腾崇拜的综合体。龙形成于新石器时代早期，龙形的演化，在我国几千年的文明史中，集中了蛇、鳄、蜥蜴、鹿、虎等多种动物的特点于一身，并演绎出龙与帝王、龙与英雄等许多传说故事。中国人崇拜"龙"，自称是龙的传人。皇帝就是"真龙天子"，睡的称龙床，穿的称龙袍，体称龙体等。因恐龙蛋、恐龙带有"龙"字，龙是吉祥神物，象征富贵、平安、驱邪镇邪，这些人就将恐龙蛋化石埋于宅基地或厅堂的中央，期望保佑全家安康、发财、致富。

恐龙蛋化石是一种天然质的潜在艺术，潜在艺术是中华文化的最大特点，它的文化的内涵，在于人们的深入开发与挖掘。正像几千年来的和氏璧和随侯珠之迷，是中国石文化中流传最广、最传奇的两件珍宝，在漫长的历史画卷中，演绎出了悲壮威武的史诗，发掘出深邃而丰富的文化内蕴。中国的《西游记》、《水浒传》、《红楼梦》三部古典名著中，集石文化之大成，把观赏石的文化价值，发挥到前无古人、后无来者的无已复加的地步，时至今天，也没有哪部大作有如此淋漓尽致的结合，而成为中华民族传奇的旷古之作。由此可见，恐龙蛋化石的文化价值，只要在正确的科学思想指导下，无论从文学、社会学、收藏学、地球科学、生命学及道德情操等方面的开发、研究，都是具有重要的现实和理论意义的。它的价值将与日俱增，文化内涵的硕果将会灿烂美丽地呈现在我们面前。

7 恐龙蛋化石的鉴别与辨伪

7.1 基本情况

恐龙蛋化石是一类珍稀的古蛋类化石和一类重要的地质古生物遗迹，属于自然遗产的重要组成部分，具有极高的科学、观赏、经济及文化价值。我国过去的地质古生物化石标本，主要是作为收藏陈列，纳入国家和各级地方的自然博物馆、地质博物馆收藏管理，少部分保存在有关科研院所和大专院校内，主要作为科学研究、教学及地球科学、生命科学的普及等使用。在20多年持久的全球恐龙热中，恐龙蛋化石价值倍增，声名鹊起，掀起了恐龙蛋收藏研究与贸易的新热潮。我国的恐龙热的时间虽然比西方晚了不少，可是后来者居上，在最近10多年来达到前所未有的高潮。特别是我国在河南西峡的恐龙蛋化石群，辽宁北票一带的原始鸟类中华龙鸟、孔子鸟，贵州兴义的贵州龙，关岭生物群化石，新疆奇台硅化木化石等的发现，以及受国际古生物化石贸易驱动之后，并随着改革开放，市场经济的发展与人民生活水平、文明程度的提高，打破传统的价值观念，国内地下的、公开的古生物化石买卖，方兴未艾，席卷华夏大地。个人的收藏既是欣赏，但作为货币保值与增值的一种方式，也有一些人参与非法的交易，有的甚至冲出国门，出现在外国的著名展销会上。当地的或附近的群众，部分参与了找化石、盗挖化石的活动（图7-1），甚至错误地认为是脱贫致富的一条

图7-1 某处恐龙蛋化石的盗洞（周世全摄，1993）

捷径，使地下的买卖活动显得十分活跃。然而，慑于我国法律的威严，各级执法机关执法力度的加大，使得地下的化石走私与盗挖者受到了制裁和打击，违法活动得以基本控制。化石贸易的暴利驱使这些人改变思路，变化方式，以致于造假、仿制出的赝品充斥市场，假恐龙蛋化石、仿制恐龙蛋化石在市场上以假乱真，良莠莫辨，造假者绝大数为个体生产，并在比较隐蔽的山村中地下制作为主，现已发展到河南、湖北、广东及其他地区，而鸟类、恐龙化石的造假也出现在辽宁等地。目前假恐龙蛋化石市场已有一定规模，有时公开，有时地下交易，价格一般 100 ～ 300 元人民币不等，甚至更高，并且货源比较紧张，据估计，仅河南境内，一年生产的假恐龙蛋化石在万枚以上，目前假恐龙蛋化石在我国部分地区，湖北、广东、北京、深圳、河南、陕西、新疆等地的市场泛滥，少部分已流入到国外。一些刚入门的或经验不足的收藏者、爱好者，或者有的想买几枚去托人办事作个礼品，有的为孩子上学或联络感情等人士买了恐龙蛋化石回到家之后，请懂行的人作鉴定才知道全是假的，直呼上当，其中固然有少数动机纯正的研究、收藏者，但有一部分却是基于投机心态参与买卖炒作，从中非法谋利的人。假恐龙蛋化石不仅成了收藏者、爱好者的一堆烂石头，有时其图片还出现在正规出版的书籍和科著读物中，这种错误知识的传播更广，受害的人更多。这些人在受到心灵伤害的同时，又受到了经济上的损失，因此在地质古生物化石和奇石标本贸易市场中同样要打假，严格执法，应当坚决取缔这种不合法的地下市场或半公开的市场。真假化石在市场上混杂出现给我们的司法鉴定造成新的困难，市场上涌现的假恐龙蛋化石也可通过各种渠道流入博物馆内，这种情况造成的危害不容忽视，不容低估。去伪存真，还其本来面目，是当前执法工作中一项重要的任务。化石贸易古已有之，当前既是我国面对的实际情况，又是国际上共同面临的困难复杂的问题，因此应当及时统筹解决古生物化石保护与开发利用、化石贸易与市场管理的问题，尽快制定出符合中国特色，利国利民、活跃市场、发展经济的一部权威的开放搞活古生物化石与奇石贸易的法规，使之造福千秋万代，为世界古生物化石的贸易和我国化石资源的保护作出我国应有的贡献。

7.2 恐龙蛋化石造假的种类及方法

古生物化石市场的活跃，促进了地下贸易市场的发展，假货、仿制品、粘贴的“恐龙蛋”，在地下或半地下市场中屡见不鲜，比比皆是。目前假恐龙蛋、仿制恐龙蛋、移植补皮恐龙蛋等的概念，在人们的观念和认识中一般都比较模糊，其实他们具有不同的内涵。作假和仿制的特点及方法主要有以下几种。

7.2.1 假恐龙蛋化石的制作特点和方法

1）仿雕蛋心（核）

利用铁制或钢制石刻工具，将野外采到的与产恐龙蛋层相似的粉砂岩、粗砂岩或含砾的碎屑岩石等，雕成与恐龙蛋大小形状基本一样的圆形、椭圆形、扁圆形或长圆柱形状的蛋胚或蛋核。

2）制皮

做恐龙蛋皮原料。主要有水泥、胶水、沥青碎屑及粉砂、大理石粉粒、颜料等。首先将仿雕的恐龙蛋核岩石形状体，置于一个固定的架子上，然后把水泥等物调拌到一定的稀湿程度，用较柔软的刷子和批灰刀等工具，将其均匀的、厚薄适宜的涂到已经制好的蛋胚（蛋核）上，即制皮完成。据说有的更加“现代化”手段，用木料制成模具，将水泥浆等浇灌到模具中即成。特别是制作的长圆柱蛋的制皮模具，十分逼真，在市场上经常以高价售出。

图7-2 水泥皮假恐龙蛋化石
（路宁摄，2008）

3）伪作

为了使水泥皮更像真恐龙蛋皮，在皮基本干透之后，用木棒轻轻敲打，震动后产生少量裂纹，然后用红色粉砂和胶水将裂纹抹平填实，并用大理石粉抹在裂缝的上部，最后用细砂纸或细软刷轻轻打拭即可。

图7-3 成窝水泥皮假恐龙蛋化石
（路宁摄，2007）

4）造座

在完成上述工序之后，最后就是为假恐龙蛋制底座，先在野外采一块与产恐龙蛋相同颜色的细砂岩或细中砂岩，用小钢钎在其上凿成与假恐龙蛋大小基本一致的圆形底座，上端用小钢钎挖出一个比假恐龙蛋直径略小一些的圆洞，并在座边用钢钎凿成一道道纵向钢钎凿痕。然后用白乳胶将底座与假恐龙蛋粘贴到一块，并用红砂粉、大理石粉涂在缝合处，待胶晾干结实后，用砂布擦拭，一枚假恐龙蛋就制作完成（图 7-2）。

5）造窝蛋

造假者为了迎合市场上对成窝恐龙蛋的需求，造假成窝恐龙蛋就成了市场上的新宠。造假者从最初几个（图 7-3）、十几个一窝到 30 ～ 50 个一窝，最高竟能造出 100 多枚一窝的假恐龙蛋（图 7-4）。造假时，先在野外用小钢钎、锤子凿出一块厚 10 ～ 25cm 的红色粉砂岩或细砂岩，按需作蛋窝和蛋数的多少来定岩

图7-4 100多枚一窝的假恐龙蛋化石
（冯祖杰摄，2006）

块大小。当蛋窝大小确定后，再用钢钎、凿和锤子等工具在岩层面上，按蛋的大小、蛋在窝中的排列方式，先凿成与假恐龙蛋形状、大小相似，但略小一些的圆坑或长坑，待需要坑的数目全部完成后，然后用白乳胶一个一个的将假蛋与蛋坑粘贴一块。干固之后或同时，用大理石粉（或小米）、红色细砂岩粉拌胶调匀，涂抹在蛋体与蛋坑周围的未合严实露出裂缝的部分，将其抹实抹严，干固后用砂纸或刷子擦拭净外边的胶水痕迹，有时还用红色岩石粉再擦拭一遍，再用砂纸擦抹干净，“一窝恐龙蛋”就全部完成，等待顾客来买。

7.2.2 仿制恐龙蛋化石的制作特点与方法

1）仿雕蛋心（核）

与造假恐龙蛋化石一样，先从野外采到与产恐龙蛋相似的大小合适的粉砂岩、细砂岩等，用钢钎、锉刀和其他铁制工具，将采回的石头雕凿成与各类真恐龙蛋心（核）大小、形状一样的蛋体。

2）蛋皮及原料

在本地或在其他地区找到的恐龙蛋化石壳，作为基本原料，造假者也可自己找蛋皮，也可从他人或外地买回蛋皮，据说原来每市斤 40 ～ 100 元不等，目前可能价格更高。然后要准备大理石粉、红色岩石粉或粉砂、白乳胶和 502 胶水等物。

3）植皮或移植蛋皮

首先将蛋核用砂纸基本打平或初步擦打整齐，然后挑拣颜色、花纹、裂口尽量彼此对应，蛋缝形状符合的蛋皮，用白乳胶一片一片的粘贴在蛋体上，除需按底座的部分外，其他蛋体的绝大部分全部贴满。

4）打磨造裂纹、填缝

恐龙蛋皮贴完待胶水干固后，用木棒或木槌敲打较大的蛋皮块使其产生裂纹，以扰乱人们的视觉，粘贴的缝和敲打产生的裂纹混在一起以假乱真，使人看到裂缝似有“天然的”感觉一样，并用大理石粉、红色砂岩粉与胶水拌和后，抹在粘贴的、震裂的裂缝处，填平补齐，掩盖粘贴时不和谐的裂缝，最后用刷子、砂纸打平擦拭干净。此类仿制的恐龙蛋，蛋皮块细小，有时部分蛋皮颜色不一致或少数不同，裂缝宽窄不一，花纹也不一致，仔细观察后即可认出。

5）造座

在完成前面四道工序之后，最后就是造座。先在野外采集与含恐龙蛋化石一样或相似的成块岩石，用钢钎或凿刀凿成与仿制恐龙蛋的形态大小基本一致的圆形或其他形状，底座厚 10 ～ 15cm，座上端的中心部位挖出一个比蛋体直径小一些的圆坑，并在座周围沿垂直方向凿成一道道钢钎的凿痕以表示从岩石中挖出来的。然后用白乳胶将蛋体与底座粘合到一块，一枚仿制恐龙蛋即全部完成（图 7-5，图 7-6））。

6）仿制窝蛋

单个仿制恐龙蛋制作完成后，造伪者为了卖高价赚到更多的钱，他们就创制窝蛋，或移植在真

图7-5 两枚仿制的恐龙蛋
（周世全摄，2006）

图7-6 多枚仿制的恐龙蛋化石
（周世全摄，2006）

图7-7 一窝仿制恐龙蛋化石
（周世全摄，2006）

蛋窝上增加数量或补边与中间的个别缺失。这种窝蛋一般个数不多，一般在几枚至十几枚。仿制窝蛋的方法是先在野外采集一至数平方米与含恐龙蛋化石相似的粉砂岩、细砂岩或含砾的细中砂岩，厚度一般 10 ～ 25cm，依照预制窝的大小和恐龙蛋的数目，决定岩石块的大小。确定后，用钢钎或凿刀等工具基本上按以真恐龙蛋在蛋窝中的排列方式，凿成与仿制恐龙蛋形状、大小相似的但略小一些的圆坑，待需坑的数目全部完成后，然后一个一个的用白乳胶将蛋与蛋坑粘合在一块。干固之后或同时用大理石粉、红色岩石粉拌胶将蛋体与蛋坑周围的未合严露出裂缝的部分抹实抹严，干固后用砂纸或刷子擦拭净外边的胶水痕迹，“一窝恐龙蛋”就全部完成(图 7-7)，然后高价待沽。

7.2.3 移植补皮恐龙蛋化石制作的特点与方法

1）选蛋

在盗挖过程中有的蛋化石壳与岩石胶结紧或心情紧张，动作粗笨，取蛋时蛋壳被岩石粘住，使部分或大部分蛋壳掉下来而无法保存完整的面貌，另一方面，蛋化石在搬运过程中，包装或在车上放置不稳相互碰撞后，蛋壳被轧碎掉下来，使蛋化石不完整。为了卖个好价钱，就把这些蛋挑出来，予以移植补皮，冒充完整的蛋。

2）移植补皮

选出这些掉皮的蛋之后，就选择一些与这些蛋皮颜色相近的蛋皮，按照破损范围的大小，用白乳胶一点一点的补在蛋上，直至补满为止，然后用木棒或木条敲打补上去的一些较大的蛋皮，震成裂纹，用大理石粉、红细砂岩粉与胶调合，把补上去的蛋壳之间的缝隙与震碎的裂纹用批灰刀或其他工具，将其填平，待干后，用砂纸、毛刷或稍硬点的很细铁丝刷子，擦拭补上蛋皮之间裂隙的粉沫，直至蛋平整无缝，肉眼看不到胶水为止（图 7-8）。

3）补完之后的工作

恐龙蛋壳补好之后，对成窝上的蛋，只在蛋周围与底座之间加固，即抹点胶水就可以了。如果是单个的，就还要配座，其方法与前相同。这些单个补壳的蛋，一是可以作为造假窝蛋的原料，二是可以补充原有窝蛋数量的不足，或是原蛋窝中缺蛋部位的补充，以改变蛋窝的造型或增加蛋的密度（图 7-9）。这种蛋既可制成成窝的蛋出售，又可单个出售，还可与成窝的蛋一块出售。一般人们对

图7-8 移植补皮的长圆柱蛋
（梁新友摄，2007）

图7-9 补充缺蛋部位的恐龙蛋窝
（梁新友摄，2007）

这些蛋的怀疑比较少，认为缺一点皮补上去也可以，其实不补，保持原貌，虽然丑一点，但感觉真实不是更好吗？

其他还有一些作伪方法在这里就不作介绍了。但有一点，造假者目前还不可能制造出与恐龙蛋皮一致的蛋皮，只能近似不能酷似，因此，这些伪作的恐龙蛋只要认真的观察，它就原形毕露。

7.3 恐龙蛋化石的鉴别与辨伪

化石作假自古就有，宋代杜绾的《云林石谱》中，即记述古时对鱼化石的造假一事，“土人多作伪，以生漆点缀成形”。而玉器的作伪、仿制技术在宋代早期就已经比较成熟，到了明、清则发展到顶峰。化石作假中国有，外国也有，1911 年，英国一位律师道生，用一块经锉刀加工并用重铬酸钾染色的现代黑猩猩的下颌骨冒称猿人化石，称是他在某石场发现的，并命名为“道生曙人”化石，曾轰动古人类学术界，最后，科学工作者于 1953 年以科学事实揭穿了道生的伪面目，这是震惊全球、欺骗时间长达 41 年的化石造假案。在 20 世纪 30 年代，古人类学界发生了一件“欺世盗名”的“皮尔唐事件”。一些想成名的人把一个人头安上了猿类的下颌，涂上类似化石颜色的物质，埋在英国的皮尔唐附近。然后，他们欺骗一位苦于寻找人猿过渡类型证据的古人类学家，他研究后发表了“古猿人”的文章，而蒙受奇耻大辱。“皮尔唐事件”揭发后，引起了科学界的震动和谴责，也为科学家敲响了研究化石的警钟。无独有偶，在 1999 年 11 月，在恐龙与古鸟类领域的研究中又爆出一大造假事件。美国学者从化石商那里买到中国辽西北票地区的化石，研究后在世界上很有影响力的美国《国家地理》杂志上以“霸王龙有羽毛吗?”为题发表文章，作者将这种特殊动物化石命名为“辽宁古盗鸟”，并结论鸟类由小型兽脚类恐龙进化而来的假说提供了证明。这一怪物原来是化石贩子把一个古鸟类的身体接上了一条驰龙的尾巴，顿时变成了古生物界的一大丑闻，然而，真正该为此事负责和应受到谴责的，应该是那些故意作假，以蒙蔽视听的化石贩子和不择手段谋取暴利的非法之徒。作为国际上具有很大影响力的杂志刊出这种不光彩的怪物标本和奇文，不仅严重地损坏了杂志的声誉，而且在客观上产生了助长化石走私，破坏古化石遗产活动的恶劣影响。目前古生物化石的赝品贵州龙、湘西虫、鱼化石、鹦头贝、龟、辽西的恐龙等，经常出现在我国沿海省份、内地及大的古玩市场上。从 20 世纪 90 年代初到现在，我国恐龙、恐龙蛋热久盛不衰，国内、国外的博物馆或个人的收藏以及在利益的诱惑下不法化石商人的倒卖，使地下盗挖的有限恐龙蛋化石，渐渐不能满足地下市场的供应和需要。在这种情况下，不可避免地导致造假、作伪恐龙蛋的风气更加猖獗，遂使假恐龙蛋化石在地下、半公开的化石市场上泛滥，不但数量极多，且质量上确实达到“以假乱真”的水平，往往真假相参，鱼龙混杂。随着时间的流逝，这些假东西逐渐被掩没了其本来的面目，而使我们迷惘困惑，并欺骗了众多的收藏者、研究者和广大的爱好者。自 1974 年初开始，我们投身于地质古生物研究岗位，从事恐龙蛋化石和古生态环境方面的研究工作，至今近 35 年之久，幸运的是，在我们从事恐龙蛋化石研究、鉴定的过程中，积累了一定的实际经验，与广大的研究者之间有着发自学术的相知和共识，基本找到真假恐龙蛋辨伪的本质区别，从而总结了一些实用可操作的而具有一定价值的鉴别方法，可以对真假品作出正确的判断认识，这样，以期维护广大爱好者的基本权益，维护社会和谐稳定的环境和市场的良好秩序，捍卫法律的尊严，推动地质学、古生物科学知识的普及。辨伪是一项严谨的科学实践，应依照现代地质学、古生物学、岩石学等的一般基本原则进行，重视实际经验而不能生搬硬套。现将辨伪方法介绍如下，供大家参考，并请不吝指正。

7.3.1 总体观察

总体观察是恐龙蛋辨伪鉴定的第一步和基础，是重要的、必须的鉴定过程。

1）观察的内容

总体观察即是看到整个或成窝的恐龙蛋化石后，仔细地观察恐龙蛋的颜色、形状、蛋壳纹饰、裂缝、充填物、蛋体排列（成窝的）形式、位置，蛋体与岩石底座的接触关系等诸方面。

2）观察的方法

观察的方法可大体归纳为八个字，“认真、细致、全面、戒躁”，用眼认真地观察、用心细致地思考、用脑全面地分析、谨慎安然勿躁。然后综合各个层面的第一感觉，总结出第一步的印象和认识。例如，水泥造假蛋壳一般蛋壳龟裂纹较少，龟裂的壳块较大和不自然，颜色发白，如放一点沥青碎沫时与水泥界线分明。时间长了，水泥皮自动裂成大块皮自下向上翘起，底座与蛋壳之间有胶水痕迹。仿制的恐龙蛋皮，裂纹极多，蛋壳碎片小，碎块面积一般在 0.3 ～ 1cm × 0.2 ～ 1.0 cm，蛋皮颜色不一致，明显有几种不同蛋皮在一个蛋上出现。裂隙大小不等、充填物不同、裂缝不自然，可见底座与蛋壳或碎蛋壳之间有胶水痕迹。

7.3.2 掌握标准和造假作伪方法

1）掌握标准

在观察鉴定恐龙蛋化石之前，首先要学习一点认识恐龙蛋化石的入门知识，大体了解恐龙蛋化石是一种什么样的化石，它是恐龙产的卵，经过几千万年或亿万年以上的地质作用，内部的蛋黄、蛋白和氨基酸等的空间全部被岩石占据，只留下一个空壳，空壳具有特殊的结构、构造，无论是肉眼或放大镜观察时，需要掌握蛋壳结构的基本知识以及其他的一般知识（恐龙蛋的结构、构造参见 3.5 节）。

2）了解作假的基本方法

造假作伪的基本方法前面已叙述，鉴定之前大体作些了解，以便针对性地进行观察并与真品作出比较，特别是一些容易看出破绽的蛋皮、蛋体与岩石的接触界线处的地方。

3）了解蛋化石产出层位及地点

观察过程中要向出售者询问蛋化石赋存的层位和产出的具体地点，这是区别真假恐龙蛋化石的一条重要信息和佐证，有些造假者，并不了解恐龙蛋化石的产地和层位，答复时有时就答错地方或答不出来，而露出破绽，这对那些初涉制假或初涉倒卖恐龙蛋的人员，是有一定效果的。

7.3.3 放大镜的观察

放大镜检查是鉴别真假恐龙蛋的重要组成部分，又能观察恐龙蛋壳的内部的结构、构造，为区别真蛋皮与假蛋皮，可以提供可靠的科学依据和保证。

1）观察工具

工具主要有 10 倍放大镜、小锥子、小镊子、小手电筒等。有盐酸时，可准备备用。

2）观察

用手托住单个的恐龙蛋化石或贴近恐龙蛋窝（蛋窝大搬动不方便），主要观察蛋皮表面、蛋体与底座接触处、蛋壳间的缝隙等部分，整体观察和一切准备工作就绪之后，即可用放大镜进行观察。先在蛋上不显著的地方，用小锥子撬下一小块绿豆大的蛋皮，然后将蛋皮样品用镊子夹住，对切面进行详细的观察，观察时，应将放大镜与样品间焦距调好，按照各人眼睛的情况，一般样品距放大镜 2.5 ～ 2.7 cm，距眼睛一般 1cm 左右，尽量将放大镜贴近眼睛，双眼睁开（图 7-10），观察中注意蛋缝、蛋与底座间、蛋皮上等处，看这些地方是否有白乳胶、502 胶及大理石粉、红色岩石粉状物的充填痕迹。蛋壳切面用放大镜观察时，可见垂直或稍倾斜的纤维，基本整齐排列，有时，不但可见垂直排列的小纤维，还可见平行蛋壳的纹层，假的恐龙蛋皮不具备这种结构。

鉴别假恐龙蛋是一种忠实于观察的过程，辩证的直接经验有着重要的作用。因此恐龙蛋化石的鉴别与辨伪，应以现代科学为基础，结合有益的直接经验去鉴定，这是我们区别真假恐龙蛋化石的重要原则。不要受经济、信誉和其他等方面的影响，坚持公正的学术立场，使鉴定结论少出错误或不出错误。

图7-10 放大镜观察
（赵树林摄，2008）

8 波及全国的恐龙蛋事件

8.1 河南省恐龙蛋化石的发现过程

20世纪70年代，国际上的各种反华势力在政治、经济、军事等各个方面封锁我国，企图孤立和扼杀我们欣欣向荣的社会主义祖国。当时国内正处于无产阶级文化大革命的斗、批、改阶段，政治空气十分沉闷，人们说话做事都害怕做错什么，总是心有余悸，广大的技术干部还带着“臭知识分子”的帽子，当然心情更加沉重。在这种情况下，广大技术干部响应党的号召，为打破国际上的经济封锁，胸怀祖国，无私奉献，全心全意为建设社会主义奋发努力地工作。1969年，江西省地质局909队在会昌周田找到了大盐矿，打破了红层无矿的错误论断，创新了我国找矿工作的思路，扩大了找矿的领域，提出了新的找矿理论。正在此时，河南省地质局根据形势和地质部的部署，确定所属的21队为以盐、碱为主的综合普查队。随后，组织力量，制订计划，部署以豫西南为主兼顾全省的盐、碱普查工作，并于1970年6月，委派赵圣琮、周世全等人学习考察会昌周田盐矿的找矿指导思想和找矿经验。回队后，21队组织广大技术干部热烈开展红层找矿的讨论，武装思想，批判了当时部分人认为红层无矿、小盆无矿的错误思想，结合河南实际，提出了以中小型盆地为主，兼顾大型盆地的找矿思路。当时，针对性地提出了李官桥盆地、吴城盆地等为首选区，在1960年吴城油页岩勘探资料的基础上，经过全队的认真分析和积极努力，随即于1971年在桐柏县吴城盆地取得了突破，找到了我国第一个古代天然碱矿，这是一个重要的地质科学成果，极大地激发了广大技术干部的积极性和创造性。为了在吴城盐碱矿勘探结束之后，找到新的后备基地，保持勘查工作的延续性，根据河南省地质局指示精神，队领导在1973年秋作出决定，成立了以周世全为组长的近20人的区域地质研究组，主要任务是重点研究豫南、兼顾全省中新生代盆地“红层”的划分、对比和时代确定，并探讨有利盆地的成盐、成碱的条件。研究组依照实际情况，本着先易后难、先小后大和首先研究地层的原则工作，制定了具体的技术工作路线，重点以寻找古生物化石，特别是恐龙蛋、恐龙化石为主，地层剖面测制为辅的工作方法，选择了淅川、西峡、李官桥、五里川、夏馆及平昌关等盆地为突破口。经过充分的准备，研究组由近20名技术人员组成，下设综合、地层、古生物和机动4个专业小组，每组任命小组长1人。此时，正是柳绿花红、风和日丽的1974年4月，各小组根据研究组布置的任务，作好准备之后，在极为艰苦的条件下，分赴李官桥、淅川及五里川、夏馆等地。各小组的工作已有两个多月，夏天的热浪似乎比往年来得早一些，在野外使人觉着有骄阳似火的感受，爬山时当然是汗流浃背。每天日出上山，月明如镜时才返回临时住地。一天的走路爬山找恐龙蛋化石的艰辛和疲劳，都被住地树下凉风飒飒、野花香味袭来所陶醉，所有的困倦有如烟消云散。功夫不负有心人，我们下属的韩世敬小组寻找恐龙蛋化石终于有了可喜的重大突破，一个偶然的机会，无意中看到了它的“尊容”。1974 年 7 月某日下午 3 点半左右，该小组的李含旭在淅川县滔河南一个近东西向山沟中叫马家村的菠萝山根附近找到了不少蛋片，然后发现蛋坑和恐龙蛋化石，小组在第二日再去察看，发现一窝约 15 枚的恐龙蛋化石，并当即决定采集 3 枚样品，后送回南阳队部向区域地质组汇报。在南阳队部简陋的一间大办公室内周世全同志和有关人员共同研究后，排除疑问，认定为恐龙蛋化石，全组激动、兴奋之情溢洒在每个人的脸上，研究组组长及时向队领导汇报了这一喜讯，受到了队领导的表扬。随后，周世全和该组小组长等人，再次去滔河菠萝山根与李家沟等地考察研究。我们经过与山东及国内其他的恐龙蛋化石材料对比、分析、参照，给它起了一个中文名，称为“滔河圆形蛋”，并由周世全执笔《我省首次发现恐龙蛋化石》一文，在《河南地质科技情报》1974 年第 2 期上作了报道(图 8-1)，这是真正科学意义上的发现，是河南地质发展史上的重要一页(图 8-2)。同年，又在该盆地的湖北郧县梅铺李家沟发现鸭嘴龙类恐龙骨骼化石，1995 年由湖北省地矿局、中

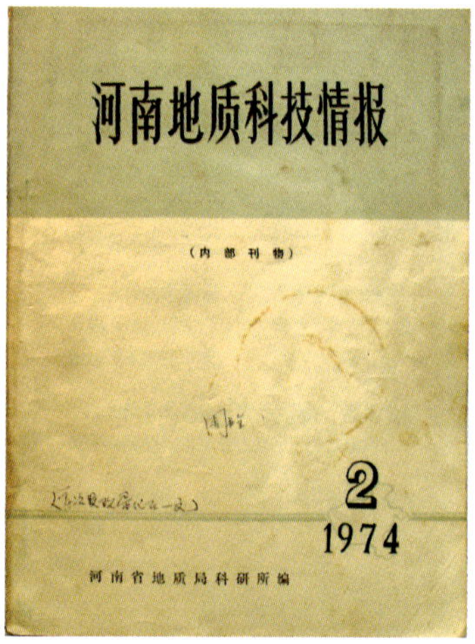

图8-1 河南地质科技情报
(赵树林摄，2008)

图8-2 在淅川首次发现的恐龙蛋化石
(周世全摄，1974)

国地质大学等相继发掘、装架，定名为“八颗龙”、“湖北郧县龙”。之后，于同年 9 月和 1975 年上半年在西峡、夏馆、五里川、镇平柳泉铺等地发现大量恐龙蛋化石，随后周世全、向春贵、张永才等人，测制了西峡岗顶—土门岈地层剖面、修改了淅川寺沟—黑豆崖地层剖面，稍后测制信阳游河驼店—麻栗树上白垩统剖面，柳泉铺杜院—段沟上白垩统剖面、固始武庙集路线剖面等。1975 年秋季，周世全等将主要成果作出阶段性总结，发表《河南淅川盆地中新生代地层》和《豫西南中新生代红层中发现恐龙蛋化石》两篇文章，刊登在《中南地质科技情报》第 3 期上。1977 年，是恐龙蛋化石发现的又一重要的一年，先后在李官桥盆地东部、西部，淅川盆地北部老城、大石桥一带及信阳平昌关、许家湾、周家湾、东部七里墩、五里墩等地找到恐龙蛋化石。并于 1975 年 10 月请中科院赵资奎等到

内乡夏馆、赤眉一带考察，应赵资奎等的要求，河南地质12队区域组委派张永才等组织发掘了夏馆后庄的一窝恐龙蛋，并作了路线剖面，后将蛋化石装箱寄至北京。由赵资奎研究，他于1979年在《古脊椎动物与古人类》杂志上发表了题为“河南内乡新的恐龙蛋类型和恐龙脚印化石的发现及其意义”一文。经过1974—1975年和1976—1977年间的补充工作，先后对豫南地区的李官桥、淅川、西峡、夏馆、五里川、平昌关、罗山、任店、石滚河、潢川等盆地的中新生代地层中恐龙蛋及其他古生物化石进行了系统的划分和对比，并充分收集研究了东濮、南阳、开封、洛阳、周口等盆地的地层、古生物资料，进一步统一了地层划分和时代研究，基本上奠定了河南省白垩纪、古近纪地层在全省的分布和地层划分、对比的框架，预测了东濮、泌阳等盆地为成盐、成碱最有希望的地区，并被以后的勘探工作所证实。从1974年至1977年的主要成果，基本包括在1975年由周世全、向春贵编制的《豫南中新生代地层的划分对比及成盐条件讨论》和1979年由周世全编制的《河南中新生代盆地盐类矿产成矿远景区划说明书》中，上述成果是河南中新生代地层研究工作的第一次重大突破，在红层的认识和实践上是一次重大的飞跃。至今我们还怀念那段难忘的岁月，当时全组和谐互助、团结奋进、积极努力、不计名利的工作，生活中充满了阳光，容纳了欢笑，让人感到愉快充实。我们相信，这应成为我们一生中一段美好的回忆，值得我们很好的珍惜。

恐龙蛋化石发现的经过，不是一个由不认识到关注的过程，而是一个曲折实践向科学的转变。在这个阶段，出现了很多的故事，有“1936年挖沟发现说”、“搞农田基本建设发现说”、“1954年苏联专家发现说”等，这些说法没有事实依据，大多是道听途说，或者是谬误的传播，不值得可信。有人传言说或某些小报报道：“当地群众把恐龙蛋当成垒牛栏、猪圈的墙根石”、“到处都是”，“小时候我们把它当球踢着玩”，甚至说：“群众拿它治疗红眼病”等，各种说法都有，不管这些流传在民间的说法是真是假，毕竟是无据可查、无证可稽的，我们只能把这些话当作故事和笑话听听而已，虽然这些事已经过去，有些真实的记录可能早已被人们淡忘，而且后来的一些说法几乎淹没了原有真实的内容而使视听混淆。恐龙蛋化石到底是如何发现的，我们只要站在客观的立场上，公听并观，不抱任何偏见，是不难找出正确答案的，真正具有科学意义上的发现和正确认识定名为恐龙蛋的，应当毫无疑问地讲，是1974年河南省地质局12队区域地质研究组的第一次和后续多次在河南南部的发现。这是他们集体智慧的结晶，更是当时近20名地质技术干部辛勤劳动和对事业执着追求的结果，也是局、队领导关心支持下取得的成绩，绝不是个人行为。恐龙蛋的发现是一个集众之思、合群之力的过程。①首先是在区域地质研究组正确的有针对性的部署和精心组织指导下进行的，它是该组整个研究工作不可分割的一部分和当年野外工作重要的一环。②根据已有资料研究分析对寻找恐龙蛋、恐龙和其他古生物化石的关键地点，研究组作了详细具体的安排，选择了李官桥、淅川（滔河）、西峡等重点盆地，作为突破口。③在1974年野外工作开始之前，根据大队安排的任务，研究组召开了全体会议，统一认识、统一行动，以寻找恐龙蛋、恐龙及其他古生物化石、解决地层时代、提供盐碱后备基地为研究组的工作原则。④研究组制定了具体的技术工作方法，布置了野外重点观察路线及野外寻找化石的操作步骤与细节，并介绍恐龙蛋的特点和认识的方法。在发现恐龙蛋、恐龙及古生物化石的基础上，再测制地层剖面或修改原有地层剖面。从以上可知，发现恐龙蛋是工作安排上的必然结果，是集体智慧和工作部署正确的结果，故澄清混淆的是非，把某些糊涂的看法引导到正确的认识上来，揭开刻意粉饰的东西，驱散蒙蔽在人们思想中的阴霾，正本清源，当然是我们责无旁贷的义务，在当前构建和谐社会的过程中，也显得非常必要。

8.2 1992—1993 年之交的恐龙蛋事件

自 20 世纪 70 年代以来，我国在古生物领域取得了举世瞩目的重大成果，不少新的重要发现引起了全世界的关注。河南西峡的恐龙蛋、贵州兴义的贵州龙、辽宁北票朝阳一带的鸟类、鸟龙及山东山旺昆虫化石、四川自贡大山铺 100 多具恐龙及新疆准噶尔的恐龙等化石，这些古生物化石的发现产生了巨大的科学效应，轰动世界。随着改革开放和计划经济转变为市场经济的过程中，在经济大潮的推动下，在古生物化石贸易迅速发展与贸易利益的驱动下，发生在 1993 年国际恐龙年的恐龙蛋化石事件，推动了新的一次世界恐龙热的热潮，成为全世界科学界的特大新闻。这次事件不只是河南省的西峡、内乡等地，而且先后在我国广东南雄及河源、江西赣州、湖北郧县、陕西山阳、山东莱阳、辽宁、内蒙古二连等省（区）的恐龙蛋化石产地；贵州兴义贵州龙、关岭生物群、山东临朐山旺昆虫类化石、辽宁朝阳北票鸟类和鸟龙等；湖北江汉鱼、宜昌震旦角石、云南澄江动物群、湖南叙浦三叶虫等的产地，掀起了一股前所未有的盗挖、走私、拍卖恐龙蛋及各类化石的狂浪。还严重地影响到英国、美国、日本、德国、新加坡、加拿大等国家及我国台湾、香港等地，河南、广东等地的恐龙蛋化石，大量出现在他们的交易市场上和收藏家陈列的柜台上。河南西峡、内乡是这起事件的重灾区，它还影响到周围的卢氏、淅川、镇平、灵宝等县。在西峡盆地（包括内乡一部分），农民在金钱的驱动下，开始了大规模的盗挖活动，且成为他们的一种“致富门路”。而全国各地的恐龙蛋化石贩卖商人、一些不法之徒和收藏者，闻风而至，大量低价收购农民盗挖出的恐龙蛋，真是风助火势，火趁风威，车水马龙，盗挖收购的混乱局面推到了一个十分难堪的境地，使破坏恐龙蛋在地层中的原始埋藏风波掀起一个新的高潮。小小的山城西峡，一时蜚声中外，成了一颗明星。乱挖滥采的盗洞遍及各地，到处是伤痕累累，千疮百孔。丹水镇的三里庙一块坡地，面积 2000 余平方米内开膛剖肚，地表挖沟，沟内挖沟，沟内挖洞，据不完全统计，盗洞就有 30 多个，洞深度最大在 15m 左右。阳城乡的任沟村在山岭上开挖的一条沟犹似战壕，长约 300m，宽 1 ～ 3m，壕内挖洞，大洞套小洞，约有几十处。最有意思的是在一个陡崖一带，红层露头南北长度约 200m，陡崖部分宽约 10m 左右，南北顺层面挖沟，由西向东打洞，初步统计一下，盗洞就有几十个之多，个别最深的约 20m，盗挖工具一应俱全，洞内还有木料支护（图 8-3），看来十分专业，其他在走马岗、三关及内乡庙山等地，盗洞处处皆有，重要的生物遗迹被破坏，尽管事隔 10 多年，但其踪迹仍处处可见。虽然个别盗洞较深，但大部分地表以下的恐龙蛋化石群原始生态系统面貌，保存仍然十分完好，具有较高的自然属性，不失作为我国最重要的古生物遗迹的特殊产地而受到国内外的极大关注。淅川盆地是河南省恐龙蛋化石的始发地，是最有纪念意义的恐龙蛋化石产地。在金钱欲横流的社会里，首发地受到严重破坏。不久前，我们去该地考察，现已成为保护区，红色的“白垩纪之光”纪念碑，碑高约 6.5m，宽约 2.5m，静静而寂寞地在那山坡上矗立着，好像在诉说当年不幸的痛苦心事(图 8-4)。另外，在恐龙蛋化石的几个集中分布区共有几十平方千米的范围内，也到处可见盗洞(图 8-5)。恐龙蛋化石挖出离开地层后，变成无层位、无产地、无成窝性、无排列方式、无原始状态和无沉积环境的“死蛋”，在科学研究上毫无价值，缺失了作为重要信息载体的作用，实在让人为之惋惜和无奈。尽管这一幕情景已经过去 10 多年，但大地上洞、槽广布的遗痕，都在诉说昔日空前浩劫的阵痛。

图8-3 盗洞内的木料支护
(周世全摄，2000)

图8-4 “白垩纪之光”纪念碑(曹高社摄，2007)

图8-5 马家沟恐龙蛋化石区(引自李占扬等，1998)

发生在1992年冬至1993年间的恐龙蛋化石盗挖、走私事件的漫延，使我国恐龙蛋化石在国际市场上泛滥，数以万计的恐龙蛋流失国外。致使我国具有极高科学研究价值的原始素材，遭受重大的损失，这是一种使人十分痛心和应永远记住的大事。

1974年河南省地质部门发现恐龙蛋化石后，一些地质部门博物馆、大专院校等学术界是了解这些情况的，1992年下半年，北京、湖南、四川、湖北、上海、南京等地的院校、博物馆等为了扩大馆藏古生物标本，找到当地地质队，提出交换一些恐龙蛋化石标本，以前他们需要的古生物标本，基本上以无偿赠送的方式进行，而到1992年时，情况已发生了变化，地质队靠国家大揽大包的局面已一去不复返了。他们要标本，当然要收一定的采集成本费。采集时，地质人员找到恐龙蛋化石产地后，由地质人员指导，雇当地群众采挖，付给一定的报酬，队上还专门成立一个机构叫技术经济研究室，寻找古生物化石，创收经济，这样的形式维持了一段时间。后来地质部门地质工作任务极少，经济十分困难，部分人员下岗分流，把整个地质队推向市场运作，向市场要效益，向市场要饭吃，断奶自养。下岗或分流的技术人员中，有的做起珠宝生意，有的经营水泵，或者四处给人找水打井，给私人老板找矿，如此等等都是为了找口饭吃。当然少数人在队上交换恐龙蛋等古生物化石标本的启发下，就自己上山去找恐龙蛋化石。有这样一真实的事例：一个外地人，他到西峡就动员某个村中的三兄弟，说“我教你们怎么找，在什么地方有恐龙蛋化石，你们挖，挖到后卖给我”。这一建议，真正成就了他们之间的交易，他随时指导，三兄弟在山上找和挖，一段时间后，他就坐镇西峡东部的一个小村庄，由三兄弟将恐龙蛋化石送到此地，他装好袋带回南阳，卖给广西、广东、湖北、河南等地的收购商贩，从中获利。以后，每隔几天他就去一次，将三兄弟送来的蛋化石带回南阳运走。这时三兄弟在村上的影响越来越大，村里的其他群众纷纷效仿他们，都上山找蛋挖蛋，久而久之，就像滚雪球一样，一传十，十传百，进而扩大到西峡以东至内乡赤眉的几个乡几十个村，山上挖蛋的情景就像1958年人山人海大办钢铁一样，有时一个小山坡上就有几十人。地质部门中极少数的工人、技术干部也效仿他的作法，到山上去收购几个带回来，卖掉赚几个钱。最关键的是在走私者、商人、收藏家的积极参与和大量收购下，使蛋化石的买卖形势越来越大，越来越红火，各方来的人数也快速增加，最多100多人参与交易。后来西峡的群众就将蛋化石装进在箱子或麻袋中，直接运至南阳，先是在某个单位的门口，然后遍及南阳不少单位和企业，一时成了十分火爆的商潮，有卖就有买，时间久了，从而引发和形成了一场涉及全国和世界的恐龙蛋事件。最近在广东南雄盗挖的蛋窝直径61cm，每枚蛋长约12cm，一窝22枚距今6500万年的恐龙蛋，在美国以42万美元的价格被拍卖，其中有多枚含有恐龙胚胎，这是值得我们深思的。恐龙蛋化石从20世纪70年代的大量发现到90年代初乱挖倒卖，将近20个年头，在这段时间内，赵资奎、周世全等将研究的成果以论文发表刊登在国内外有重要影响的杂志上，但社会效果甚微，也没有受到有关主管部门应有的重视。“这一重大发现，在当时等于没有发现”。这是由于人们对恐龙蛋化石的重要科学价值、经济价值和社会价值及重要的国际影响不了解和麻木不仁所造成的。西峡恐龙蛋化石事件在《人民日报》、《光明日报》、《科技日报》、《中国青年报》、《法制日报》、《羊城晚报》、《河南日报》等中央到地方报刊和《奋进》

杂志及法新社等国内外报刊、杂志、电视台等媒体作了空前绝后的报导宣传，据初步统计发表各类文章在400余篇以上，新闻大战波澜壮阔，把西峡恐龙蛋事件炒到狂热的顶点，当时的火爆场面和鏖战情景，至今我们还记忆犹新。1993年11月23日，中国科学院101位院士、学者在愤怒与痛心之余，联名呼吁社会各界“救救古化石，救救恐龙蛋”的呼吁书，发表在同天《人民日报》头版头条上，立即引起了从中央到地方各级政府的高度重视，采取了各种措施保护恐龙蛋，一场保护恐龙蛋的急战，在中原大地展开，在全国各地行动，与不法分子进行了坚决的斗争。蛋化石挖出后，完全破坏了它蕴藏的科学信息和产地的记录，在科学研究上价值锐减，成了人们和收藏家们陈列于桌子上的欣赏品，而这确是20世纪90年代初的一大悲哀，使我们深深地感到愧疚，也深感责任的重大。这次事件的结果，影响十分深远。当今社会已经进入知识经济的时代，实现人与自然和谐发展，寻求不损害后代可持续发展的机会，保证促进自然系统和社会经济系统的良性循环，是世界上所有国家政府和人民的重大责任，爱护地球，珍惜生命，是当今世界发展的重大主题。

回首往事，反思过去，有许多的东西值得人们去探索，去认真总结，历史是最好的见证。这次恐龙蛋事件的起因，不能简单地认为农民法制观念差和不法之徒所为，这是一个非常复杂的问题，有着深层次的主观、客观因素，但是无论如何，我们还是从纷繁的事理中，站在客观的立场上，找到一些线索理清了一些头绪，事件的起因我们认为主要的有这样几个方面。

1）我国对于古生物化石的保护从未有过正式的专门的法律文件，只是在1982年11月颁布的《中华人民共和国文物保护法》(以下简称《文物保护法》)第一章《总则》第5条中规定，“具有科学价值的古脊椎动物化石和古人类化石，同文物一样受国家保护”。1992年5月发布的《中华人民共和国文物保护法实施细则》中规定“古脊椎动物化石和古人类化石的保护办法，另行规定”。《文物保护法》在保护古生物化石的过程中，起到了十分重要的作用，文物和文化部门做了大量工作，取得了很大的成效。但从这里可以看出，我国在古生物化石保护的立法方面有它的不完备性。法制建设明显滞后于古生物化石的保护工作，古生物化石不属于文物的范畴，将古生物化石保护的含糊不清的条文置于《文物保护法》中，导致了在保护和管理上的无序状态，保护的职责不清，互相推诿，不能坚定有力的执行，对破坏、走私古生物化石的犯罪行为，不能提供惩治和量刑的法律依据，要么打击不了，要么立法空白或者不能操作，法律本身所具有的教育、预防和惩治的功能大大降低，在客观上使盗挖、走私者钻了法律的空子，所以尽快制定出台古生物化石保护、开发、贸易方面的法律文件，是我国当前立法工作的一项重要和刻不容缓的任务。我们由衷地呼唤一部完善的《古生物化石保护贸易法》能早日出台。

2）在20世纪70年代以来国际恐龙热，在全球方兴未艾，目前已知的恐龙种类中，一半以上是在恐龙热潮中发现的，在地域上遍及全世界五大洲，推动了早已有的古生物化石贸易的发展。这种热浪随着改革开放的深入，驱动了我国的恐龙热的发生、发展，在国际化石贸易利益驱动下，国内观赏石、古生物化石的贸易，在贩卖商人、收藏者和一些农民、工人甚至科学研究人员等的参与下，掀起了国内化石贸易的汹涌澎湃浪潮。而恐龙蛋是国内、国际上爱石者、收藏者、博物馆收藏最令人陶醉和钟爱的化石之一，因而，恐龙蛋的盗挖、贩卖、走私就成了当时我国部分人都在逐利思想冲动下，纯逐利的本性，使它不能以道德的标准、法律的尺度承担相应的社会责任。古生物化石贸易是国际上共同面临的复杂问题。无论是提倡还是反对的两者，都有相当的理由作为根据。在当前，古生物化石贸易的争论，还在继续，但是正常的化石贸易如何评价，置于何等的地位，以及化石贸易与科学研究、旅游观光的结合等，都应该认真思考和研究解决的方法。只有在认识和思想上趋于基本一致，并妥善地处理这些难题之后，化石贸易才有可能实施和发展。

3）地质、冶金、建材、煤炭等地质矿产系统在建国初期和社会主义建设与改革开放初期，为国家提供了建设发展最重要的物质基础——矿产资源，实现了几代地质人为之奋斗的理想。进入20世纪80年代，随着地质工作的萎缩和市场经济的出现，特别是整个行业推行的“社会化、企业化、属地化”的转型过程中，由于思想准备、物质准备、经济准备不足和认识的滞后，诱发了地质行业那时面临着的最突出的经济危机，这种危机涉及到方方面面：工人下岗、技术人员分流、提前退休、买断工龄、减少福利等种种措施。因为，地质行业是国家的矿产勘查部门，它不生产产品，只给国家提交地质矿产普查、区域地质调查和矿产储量成果资料。一些人除了靠卖自己的技术知识外，还想到了靠山吃山、靠石头吃石头的办法来。地质队的产品就是矿产、化石、石头等标本，在领导的支持或者默许下，少数人效仿他人先前的作法，也收购几个恐龙蛋再卖掉，赚几个吃饭钱，这样他们的无序和不懂法律的行动，助长了社会上恐龙蛋盗挖的风潮（图8-6）和化石商人、腰缠万贯的收藏家掀起的倒卖走私的狂浪。

图8-6 作者在观看以往的盗洞
（王建中摄，2005）

4）恐龙蛋事件涉及了地质、冶金、建材、煤炭、化工等行业中的部分人员，包括科研技术人员、工人、机关干部，此外还包括部分农民群众。在这些人中，少数懂得古生物化石是受国家保护的，但大部分人法律观念较差，认识模糊，认为《文物保护法》中规定的保护对象是古脊椎动物和古人类化石，而恐龙蛋不是古脊椎动物化石，也不是古人类化石，更不是什么文物，不违反国家利益和国家法律等，不一而足，在这种错误认识下，参与了涉及全国的恐龙蛋事件，给国家造成了损失。后来，这些人绝大部分认识到了问题的严重性，感到十分内疚，他们既是犯有错误的人，实际上又是真正的受害者。

5）当时，西峡恐龙蛋化石事件在国内的报道炒作中已到了“疯狂”的程度，甚至国外也作了大量报道，媒体的报导实际上是一把双刃剑，正确的舆论在推动古生物化石保护，打击非法盗挖、投机商人、走私恐龙蛋化石的过程中，暴露了非法落后的阴暗面，宣传了党和国家的政策，使广大群众受到深刻的教育。但是在宣传过程中，同时带来了一定的副作用，本来盗挖、倒卖恐龙蛋化石限定在一定的范围，由于媒体的报导走向了千家万户，知道的人多了，尤其是贩卖商人、走私者和不法之徒等得到了信息之后，就趋之若鹜，赶到产地，作起了非法倒卖恐龙蛋化石的生意，火上加油，推动了事件的恶性发展，使盗挖、倒卖之风迅速漫延，一发而不可收拾。更有甚者，有的国内报纸，发表了一篇题为“西峡县发现恐龙蛋化石”的通讯，其内公开提出了盗挖恐龙蛋化石是山区群众的一种“致富门路”，作出了错误的舆论导向。因此，媒体的报导宣传，要坚持实事求是，贴近群众，坚持正确导向，执行政策，坚持深入调查，掌握材料，这样就可起到事半功倍的作用。

6）部分工人、农民和技术干部参与了恐龙蛋盗挖倒卖事件，这是法律观念不强，认识模糊产生的结果。地质、冶金、建材、化工等部门在当时经济十分困难、部分人甚至生活十分紧张的情况下，不得已而为之。地质行业的少数领导，对部分人的错误做法不加制止，而采取支持或默许的态度，甚至自己也参与这种非法活动，并在单位组织专门人员去野外盗挖恐龙蛋化石，然后卖掉作为增收的一种渠道。在这种风气下，部分职工参与倒卖恐龙蛋化石的活动就自然而然，理直气壮，认为领导都支持参与这种事情，群众就不再有什么大的顾虑了，领导的漠视与作法和认识的错误，在一定程度上，也助长了盗挖倒卖之风的漫延，造成了不良的影响。

总之，盗挖倒卖走私恐龙蛋化石事件，早已烟消云散，回过头来，认真总结，吸取教训，以史为鉴，以人为镜。重视围绕这一事件所引发的科学研究、自然环境及古生物化石保护和各种社会问题，仍是一个沉甸甸的话题。要以科学发展观、初级特色社会主义理论体系为指导，从社会的、法律的、国家建设成果共享、公共利益分配等诸方面的问题，认真地进行总结和开展深层次的理论研究，从中得出有益的经验，指导今后的保护工作。切实保护我国 10 多个省（区）的恐龙蛋化石古生物遗迹和其他古生物化石，仍然任重道远，工作十分艰巨，但我们深信，我们一定能在古生物资源保护、环境保护等方面，创造出一个新的局面，造福子孙后代。

9 恐龙蛋化石的保护与可持续发展

9.1 恐龙蛋化石保护的现状和存在问题

恐龙蛋化石是地质发展演化历史过程中的自然遗产，属于一类珍贵的古蛋类化石，是庞大繁杂的地质古生物化石库的重要组成部分和有限性、不可再生性的基础资源。恐龙蛋化石是生命历史的记录，揭示生物演变、生命起源的演化过程。在当代世界经济高速发展的过程中，环境和社会可持续发展已成为人类生存的整个自然体系的不可缺少的链环。地质古生物遗迹属于环境和自然资源保护的重要内容，当今世界各国都给予高度和充分的关注。联合国科教文组织大会在1972年通过了《保护世界文化和自然遗产公约》，肯定了世界各国文化和自然遗产都属于全人类，并把保护遗产作为世界各国及全世界人民的责任和义务，确实具有突出或特殊价值的遗产可列于《世界遗产名录》中。1989年在华盛顿召开的第28届国际地质大会上，成立了“世界遗产地质(含化石)遗址工作组”，并研究确定首批遗址60个。1993年工作组更名为“地质及古生物遗址工作组”，将古生物类型遗址更加突出在重要的位置上。此时，列于《全球地质及古生物遗址名录》中的遗址共236处，古生物类占82处。1991年6月，在法国迪涅召开的第一届国际地质遗产保护学术会议有30多个国家参加，共100多位代表，签发了《国际地球记录保护宣言》。1999年2月，联合国科教文组织提出了“创建具独特地质特征的地质遗址全球网络，将重要地质环境作为各地区可持续发展战略不可分割的一部分予以保护”的地质公园计划，并提出“地质公园”这一名词，该计划是对《世界文化和自然遗产公约》和《人与生物圈计划》的一个重要补充和具体化。我国于1985年12月加入《世界文化和自然遗产公约》，并为此作出巨大的努力，早在1979年就建立了“山东省山旺中新世生物群古生物遗迹国家保护区”。1987—1996年间中国列于《世界遗产名录》的文化和自然遗产16处，其中自然遗产9处。1994年12月我国颁布了《中华人民共和国自然保护区条例》和1989年的《中华人民共和国环境保护法》、《中华人民共和国矿产资源法》等，从此标志着我国自然保护工作进入了一个新的阶段，纳入有序、规范发展的轨道。与此同时，原地质矿产部、国土资源部在1990年颁布了《化石保护法》，1995年5月颁布实行了《地质遗迹保护管理规定》，1999年4月下发了《关于加强古生物化石保护的通知》，2002年10月和1999年4月又颁布了《古生物化石保护管理规定》、《关于对拟建地质遗迹类国家级自然保护区进行预审的通知》等规章、条例，至目前为止，我国颁布了法律条例近10部，同时我国已建各类国家级自然保护区约200个，包括河南省南阳恐龙蛋化石群国家级自然保护区、湖北郧县青龙山恐龙蛋化石国家级自然保护区等在内。省级自然保护区有广东省南雄恐龙蛋化石保护区，内蒙古二连恐龙、恐龙蛋化石自然保护区、广东河源市恐龙蛋化石自然保护区等。我国目前已建成国家级地质公园140多个，包括世界地质公园18个在内，而以恐龙蛋化石古生物遗迹为主的国家地质公园只有“湖北郧县恐龙蛋化石群国家地质公园”。1990年全世界共有471处遗址列入《世界遗产名录》，其中自然遗产100余处，我国列于《全球地质及古生物遗址名录》中的有9处，后周口店北京猿人化石、湖南武陵源早志留世脊椎动物化石两个产地先后列于《世界遗产名录》中。至1993年在全球的236处列入《全球地质及古生物遗址名录》中的遗址，有关恐龙化石的遗址有11处。

1）英国牛津群中侏罗世巴通期脊椎动物。

2）英国怀特岛西岸早白垩世韦尔登期恐龙动物群。

3）加拿大阿尔伯达省恐龙公园。

4）美国晚侏罗世恐龙纪念碑。

5）美国科莫悬崖晚侏罗世恐龙和哺乳动物。

6）玻利维亚晚白垩世蜥脚类恐龙足印50件标本。

7）巴西帕拉伊巴州苏萨早白垩世恐龙足印(足迹长45m)。

8）巴西乌贝拉巴晚白垩世恐龙博物馆。

9）坦桑尼亚腾达古鲁侏罗纪基默里奇期恐龙产地。

10）中国四川自贡大山铺中侏罗世恐龙动物群。

11）泰国孔敬省普维昂国家森林保护区内中生代恐龙足印与脊椎动物。

从上述“名录”的名单中看出，迄今为止，还没有一处以恐龙蛋化石为保护对象的遗址列入《世界遗产名录》和《全球地质和古生物遗址名录》中。同时“名录”中遗址的分布和种类的局限性十分明显，欧洲、美洲的遗址数量为多，显示了“名录”的不完整和进一步增强亚洲、非洲等大区域中的遗址列入“名录”中的必要性，并需丰富类型的多样性。我国地域辽阔，地质古生物资源丰富，具有众多的突出和普遍价值的古生物遗迹。特别是恐龙蛋、恐龙化石群。我国中生代陆相盆地发育，含恐龙地层发育齐全，从晚三叠世至晚白垩世地层连续发育。恐龙化石丰富，除海南、福建等省外，全国都有恐龙化石发现，在恐龙两目各科中我国都找到了代表，产地100多处，是华夏大地上的珍宝，享誉全世界。北美缺失早侏罗世地层及恐龙化石，南美缺失晚侏罗世地层及恐龙化石记录，而欧洲中生代为海相地层且不连续，化石分布少。在非洲中生代地层虽然发育，但恐龙化石稀少，且分布地域分散，尤其是晚期恐龙化石缺乏。

董枝明教授全面总结了我国的恐龙动物群层位和组合分布，提出了著名的10个组合带。

1）禄丰龙–卞氏兽组合带(禄丰龙、双脊龙)，侏罗纪最早期或晚三叠世晚期。

2）云南龙–中华尖齿兽组合带，侏罗纪早期。

3）蜀龙组合带（巧龙、单脊龙），侏罗纪中期。

4）峨嵋龙–四川龙组合带（峨嵋龙、沱江龙），侏罗纪晚期。

5）马门溪龙–永川龙组合带（马门溪龙、永川龙、盐都龙），侏罗纪晚期。

6）鹦鹉嘴龙组合带（鹦鹉嘴龙、中华似鸟龙、准噶尔翼龙），白垩纪早期。

7）原巴克龙组合带，白垩纪中期。

8）巴克龙组合带（亚洲古似鸟龙），白垩纪晚期。

9）原角龙组合带（原角龙、绘龙、迅掠龙），白垩纪晚期。

10）南雄龙组合带，白垩纪最晚期。

我国的恐龙蛋化石已在17省（区）内发现，产地约1000处以上，计有60多种，并有较高的科学研究程度。特别是河南西峡恐龙蛋化石群在全球自然遗产和地质古生物遗址中占有十分重要的地位，具有极高的科学价值、社会价值、经济价值。在整体水平上可以超过美国蒙大拿州的“龙蛋山”恐龙蛋化石群。西峡恐龙蛋化石群的种类已有7科、10属、21种，特别是首次在世界上发现长径34.5～61cm、横径14～27cm的长圆柱蛋，属于全球的唯一类型，其组成的蛋窝，是世界上最大的蛋窝（图9-1）。在河南栾川潭头、淅川李官桥、广东南雄、陕西山阳等盆地，是白垩系与古近系接触关系和分界线、恐龙绝灭研究的最重要的地区。可见我国的恐龙蛋化石群具有十分丰富的科学内涵，蕴藏着无限的科学信息。在世界上具有非常突出的代表性，集稀有性、唯一性、典型性和自然性及完整性、优美性于一体，它不但符合我国自然保护区的评价标准，而且完全达到世界自然遗产、全球地质遗迹的评估条件，可以“代表地球演化历史主要阶段的突出模式”和“代表地球的主要历史阶段并包括生命记录的突出模式”。因此，我们要突出重点，集中精力，利用政治、外交、技术、经济、文化、科学等方面的综合措施，申报我国具有代表性和典型性的河南西峡恐龙蛋化石群为《世界遗产名录》和《全球地质和古生物遗址名录》名单中的成员。

图9-1 世界上最大的恐龙蛋蛋窝（河南西峡）（周世全等，2005）

我国恐龙蛋化石分布地域广、种类多，数量巨大，埋藏多近于地表或直接裸露于地面，这些因素给全面保护、有序管理带来较多的困难。尽管如此，我国恐龙蛋化石的保护工作仍然取得了巨大的成就。但从总结经验，提高管理保护水平的角度来看，我国恐龙蛋化石的保护工作仍然任重而道远。有许多问题值得我们今后去研究、探讨。

1）在地质古生物化石遗迹的保护和管理方面，我国的法制建设明显滞后于我国的实际情况和国际上法律制订的通常作法。关于古生物化石的法律，在1982年前基本上是空白，只是到1982年11月19日颁布的《中华人民共和国文物保护法》的第一章《总则》中第五条才有明确地规定“具有科学价值的古脊椎动物化石和古人类化石，同文物一样受国家保护”。在1992年发布的《中华人民共和国文物保护法实施细则》中规定“古脊椎动物化石和古人类化石的保护办法，另行规定”。在这两项条款中，将地质古生物化石列入文物法保护内，实在是一个常识性的失误。显然在立法定位方面是不准确和不完备的，地质古生物化石不是文物，是地质历史时期的自然遗产，并由此造成管理上和保护秩序上的责任和权利的争议与无序。同时各级地方政府对自然保护也基本没有地方性的规程、条例，有的少数省、市制定了一些条例，但贯彻执行不力或遇到了不少的困难，使条例处于制定与执行的两难境地。然而，在20世纪90年代中期及21世纪初制定的一些有关这方面的重要法律、法规，主题明确，条例严密，内容完备，责权清楚，对古生物化石、地质遗迹和环境的保护，发挥了积极和重要的作用，对建设资源节约型和环境友好型国家，构建和谐社会，使社会经济、生态可持续发展，有着十分重要的历史和深远的实际意义。

2）地质古生物化石和地质遗迹的保护，是整个地球环境保护的一个重要组成部分，是一项重要的基础性和战略性的工作，是整个地球保护宏伟系统工程中不可缺少的重要一环，全球的各种各类地质遗迹既有地域性，又具有全球性的意义。目前我国的这类资源在保护方面还有些薄弱，而正规有序的开发利用、推动人民群众的文明与进步、科学素质的提高等方面，还要借鉴国内其他行业的有益作法和国外的成功经验等，找出一条独创的保护与开发利用的新途径。

3）我国在最近10多年来，各类的自然保护区的建设取得了巨大的成就，建立了各类各级自然保护区约1000个。其中地质古生物遗迹不多，特别是恐龙蛋、恐龙的古生物化石遗迹则是区区可数，目前属于国家级自然保护区的有5个，省级自然保护区的有4个，市（县）级自然保护区也不多，这显然与我国恐龙蛋、恐龙资源非常丰富的国家地位十分不协调，所以今后在建设自然保护区的事业中，任重而道远，需要加大力度，逐步按计划推进自然保护区的建设。与此同时，现有已经建立的自然保护区，行政管理体系或管理的专门机构设置还不够健全、合理，各类人员配置和办公建筑设施、财政还不到位，致使日常管理和按时管理工作的不通畅和管理无力无序，给少数盗挖者和投机倒卖的贩子以可乘之机，这是当前保护管理工作中应十分重视的问题。对保护管理工作中的经常性检查与监督，也是值得保护工作者高度关注和各级政府有关部门应提到议事日程上的一件大事情，应切实列入各级政府各项工作的日程表中，纳入政府工作的整体发展计划和规划之内。

4）地质遗迹及地质古生物化石遗迹的保护，是地球上自然资源保护的重要内容，是社会发展的重要物质基础。属于行政、经济、技术、环境等综合性的科学保护工作。而对地质遗迹、地质古生物化石的科学研究又是一种最重要的保护策略。它是自然保护区建立的重要依据，各项保护管理工作的基础，又是科普宣传教育的生动教材和开展国内外学术交流合作的重要前提，所以科学研究工作是已建自然保护区有效保护的重要基础或中心工作，也是最好的保护方式之一和可持续发展的重要部分。目前，我国已建的国家级、省级地质遗迹与地质古生物化石遗迹自然保护区的科学研究工作，虽然有少数像辽宁、北京、四川自贡等有比较正规的科研机构和科研成果，而大多数保护区如西峡恐龙蛋化石群、广东南雄恐龙蛋化石群、湖北郧县恐龙蛋化石群等的研究，则显得非常薄弱，即使有少量研究成果问世，也是属于少数个人行为或者国家极少的资金援助取得的。国家、地方要加大财政的投入，并将科研纳入国民经济和社会发展计划之中。争取国内外团体、个人的赠款，加强科学研究，推动地质古生物遗迹保护提高到一个新的水平和新的阶段。同时，要加强国家、地方投入科学研究资金合理使用的管理，做到专款专用，与科研成果挂钩，有多少资金要取得相应的成果，要加强经常性资金的管理监督工作，建立一套完整的评审手续。聘请熟悉情况、学问造诣较深的恐龙蛋专家，组成评审会评审，成果合格后，才可认定科研经费使用的正确与否。其次，自然保护区的科研体制，也需探索出一条符合我国国情和实际的方法，以便更稳定和深入地开展科学研究，把自然保护区的研究事业推向世界领先的水平。科学研究在发挥大专院校、科研机构作用的同时，还要充分面向广大的基层地质古生物工作的生产、研究单位，要采取上下结合、权威与一般结合的方针，要破除迷信，不要盲目崇拜个别只有学术头衔而无实际学术建树的“专家”，就是说要让恐龙蛋的科学研究走出院门，从高深的金字塔中走向群众科研的潮流中，这样，对自然保护区的建设和管理，将具有重要的现实和深远的意义。

5）恐龙蛋、恐龙地质古生物遗迹的保护，是建立自然保护区的最大和最终目标，以期世代利用，造福子孙万代，推动社会、经济、环境的可持续发展和地域经济的振兴。在当前，地质遗迹与古生物遗迹等资源，全国有很多地方都先后提出了它们与旅游业和社会发展相结合的思路，有的还将其纳入文化旅游节、古文化及科经贸展和招商引资、经贸洽谈会中的内容，这些作法对地域经济的繁荣起到了催化、激励和推动作用，对当地的社会生活也会产生重要影响，这些作法有着明显的重要意义，也是必要的和可行的，这些作法无可非议。地质古生物资源是不可再生的自然遗产，比能源和矿产等更为重要，更为稀少，是漫长地质历史时期演化发展的产物。因此，在提出地质古生物遗迹与旅游、社会发展结合时，应同时提出保护自然遗迹的可持续发展的措施，全面理解正确处理发展旅游与旅游资源保护的关系。只提旅游没有切实可行的保护，是以资源环境为代价的短视行为；只讲保护使其变成呆资源，不加以开发利用，只招“凤凰”不栽梧桐树。这两种作法都是不全面的、不科学的。我们要充分遵重客观规律，运用科学发展观，全面正确地处理两者之间的关系，这是人类爱护赖以生存的地球的一项重要义务和责任。

以上是我国地质遗迹、古生物遗迹自然保护和生态环境保护建设中存在的主要问题，其他还有一些次要的，例如保护的长效机制，保护经费的管理监督使用，保护宣传管理上的不作为和无序，地球科学知识的普及，执法的严肃性、规范性等等，都是今后自然保护区建设中需要解决的问题。我们希望，全国人民和各级地方政府从全国、全世界的大局和子孙后代的长远利益出发，坚定不移地整合国家、地方、集体、个人等各方面的财力、物力、人力和一切资源，把自然保护区事业建设、爱护地球、人类与地球和谐共存的伟大目标，逐步向前推进到一个更高、更好、更美的重要阶段。

9.2 恐龙蛋化石保护的意义

恐龙蛋化石是地球发展和生物演化过程中的产物，是环境和自然保护的重要组成部分。在当前经济全球化和高速发展的时代，全世界各国政府和全国人民已经强烈地认识到保护地球和环境的必要性和紧迫性。联合国于 1992 年在巴西里约热内卢召开了具有伟大历史意义的“环境与发展全球首脑会议”，世界各国对环境与发展问题取得了统一的认识，作出了庄严的政治承诺，发表了全球的纲领性文件《21 世纪议程》。1993 年 12 月我国政府按《21 世纪议程》的要求和精神，制定了《中国 21 世纪议程》和《中国 21 世纪议程优先项目》计划。在世界环境与发展大会和《中国 21 世纪议程》的指导下，我国的自然保护事业、恐龙蛋化石的保护进入了大发展时期，走向了一个新的阶段。地质古生物化石的保护实质上是对生态环境的保护。我国是世界上最大的和发展最快的发展中国家，经济、社会发展取得了辉煌的成就。中国目前是世界上第二位能源生产国和消费国，已经成为世界能源市场不可缺少的重要组成部分。我国人口数量特别大，平均资源量比发达国家、一些发展中国家拥有量相对贫乏，环境的负荷越来越大，恶化的生态环境范围在扩大，程度在加剧，危害在加重，资源和能源在过度的消耗，人类赖以生存的整个自然系统出现明显可见的危机。在世界范围内生态环境的恶化和自然灾害频繁发生，使人们充分认识到了环境保护、自然保护的重要性和必要性。激发了前所未有的爱护地球、珍惜生命的热情。恐龙蛋化石蕴含着大量丰富的各种类型的信息，是地球发展演化史、生物进化史、生态环境和灾变事件等方面的重要信息载体，给人类提供了宏大的空间和巨大的时间尺度概念，去认识、研究地球、生物界乃至整个宇宙的信息素材，为恐龙绝灭的探索提供弥足珍贵的标本。对于当前世界严峻多发的各类灾害，特别是地震、地质灾害和海啸等生态环境灾害等方面，可为人类提供有益的保护自己的方法或有益的借鉴。恐龙是地球上生物发展最壮丽的史篇，而在 6500 万年前从地球上神秘地消失，它所留下的骨架化石向人们诉说着那个消失的时代它曾经拥有的辉煌。人类应当从恐龙绝灭的悲剧中得到深刻的反省，绝灭的原因尽管众说纷纭，但重要的一点是与生态环境的制约有着重要的关系。保护环境，维持生态平衡，珍惜资源是一项基础性的社会公益事业，是人类社会、经济、生态可持续发展和与地球和谐共存的根本，也是实现人类社会文明与进步的重要关键所在，这是当今世界一切热爱生命、珍惜自然、爱护环境的人们的共同愿望和义务，更是世界各国政府、首脑的重要责任和应有的崇高品质与承诺。

恐龙蛋化石是地球、生物演化史系统中的重要组成部分，是中国大陆形成和演化的一个历史阶段的重要信息载体，分布在我国秦岭–大别山、南岭、长白山等造山带的恐龙蛋化石古生物遗迹，对我国中生代以来大陆构造的主要格局，各种不同类型造山带及盆岭构造体制特点的研究，有着十分重要的理论和实际意义。横贯我国中部的典型复合的秦岭–大别造山带，是我国南北大地构造、地层系统及生态环境的天然分界线，在世界众多的不同类型造山带中又是一个特殊的造山模式，在全球具有典型性，在这一地区广泛分布的恐龙蛋化石群，为揭示秦岭–大别造山带后造山阶段的演化历史，我国大陆形成发展的探索，都是整个研究系统工程中不可缺少的一部分和重要的依据。

保护地质古生物遗迹资源，是国民经济建设的重要战略性和基础性工作，是自然资源保护的重要内容，在遗迹保护与开发的全过程中，可以改善和创造更好的生态环境。既实现国家对生态环境的有效保护，又减少了国家在减灾、防灾等方面的财政负担，推动国家经济实力的迅速提升和社会可持续发展，对构建和谐社会也有重要意义。在保护与改善环境的基础上整合开发地域内的各种类型旅游资源，以恐龙蛋综合资源为主题，建设科学的旅游环境，借鉴国内外一切有益的经验，构成多层次、多方位、多结构的旅游风景区。旅游业的迅速发展，可以带动其他产业的扩大与推进，带来更多的商业、人才、资金信息，增加就业岗位，减轻就业压力，维护社会稳定，促进社会进步。随着保护事业的发展，科学知识、法律知识等多形式的经常展示、宣传，使科学与广大群众相结合，引起社会的广泛共鸣，使知识走进群众的知识库中，这样可以极大地提高广大干部、群众保护环境，保护自然资源的自觉性、主动性和积极性，变成认识自然、改造世界的强大力量，推动精神文明、物质文明建设的进程，激发爱国主义精神，这是一种不可估量的社会进步和推动力，因此保护事业是功在当代，利在千秋的伟大事业和工程。

恐龙蛋地质古生物遗迹属于一类特殊的古生物遗迹，是我国非常珍贵的自然资源和宝贵财富，同时也是全世界人民共同的重要自然遗产，恐龙蛋化石已经为我国和世界探索地球、生命甚至天体的起源与发展演化，特别是恐龙绝灭和灾变事件，提供了大量的科学信息。对于开展国际学术交流、广泛的科学合作活动，推动科学事业，包括地质科学、生命科学、古蛋类学及其他边缘科学的建立与发展，都将具有十分重要的意义。我国恐龙蛋化石资源既是我国的也是全世界的，为了使其永久利用，并且可以通过广泛的国际学术合作，提高我国的科技水平，增进我国和世界各国的科技人员和各国人民友谊的发展，推进和谐世界的建设，构建良好的资源环境，是实现当今世界和平与发展两大主题的重要内容之一，也是地质古生物遗迹保护的重要目的之一。

9.3 恐龙蛋化石保护及可持续发展的意见

恐龙蛋化石的保护是一项长期复杂的综合性工作，是整个地球生态环境保护的一部分。目前我国的地质古生物遗迹保护工作，已纳入国家经济发展计划和法制建设的范围内，有效的国家级、省级及市级保护区的数量，正在全国迅速的扩大，保护区面积已近万平方公里。据不完全统计，目前我国的各类自然保护区约1000个，占全国总面积的8%～10%。这必将大大地促进我国友好环境型社会建设的步伐，保证生态资源的正常循环，推动我国经济、生态和社会的协同可持续发展，以期逐步实现振兴中华，赶上发达国家综合国力的战略和成功建设和谐社会的目标。地质古生物遗迹保护和生态平衡是我国的一项重要基本政策，也是可持续发展战略的重要组成部分。1980年，联合国环境规划署、国际自然资源保护联合会和世界自然基金会共同发表了《世界自然保护战略：为了可持续发展生存资源保护》声明书之后，世界环境与发展委员会在1987年发表了《我们共同的未来》的研究报告，进而论述了可持续发展的概念。1991年，世界自然保护同盟、联合国环境署和世界野生动物基金会共同发表的《保护地球——可持续生存战略》，全面论述了可持续发展的观点。目前全世界现有的自然保护区约占陆地面积的5%，但大部分分布在高山、沙漠等地，自然保护是全人类的事业。社会和经济的协同发展，需要优越的自然生态环境和生态资源正常有序的运转作为发展的根本保证，这样就可持续推动人类与地球作为一个相互依赖的整体和谐健康与永久地发展下去。可持续发展按照世界环境与发展委员会的定义为“既满足当代人的需要，又不对后代人满足其自身需要的能力构成危害的发展”。这一观点不仅针对某一种资源或某一生态系统，而是使整个社会生活水平能够可持续增长，因此，科学保护，依靠科技进步，发展新资源，开发利用符合生态原则，应是当前自然资源利用可持续发展的实质，以实现保护与开发的和谐进行。

9.3.1 地质古生物遗迹保护是我国的一项国策

地质古生物遗迹的保护，是我国的一项重要国策和一项重要的政府行为，是现代文明进步的标志之一。各级政府持久的重视和关心是有效保护工作发展的关键。保护区的建设应当按照我国已经颁布的《中华人民共和国自然保护区条例》、《中华人民共和国环境保护法》、《中华人民共和国矿产资源法》和国家相关部门制定的《地质遗迹保护管理规定》、《古生物化石保护管理规定》、《国家级自然保护区评审标准》等法律、法规的规定认真贯彻执行。国家行政主管部门和各级地方政府，应将保护工作纳入国民经济和社会发展计划中，保证必要的投入，并按财政规定程序将资金纳入预算，定期地注入保护经费，这是推动和切实作好保护工作的基本保证。在建立保护区时，要有正确的指导思想和基本原则，应当按照整体部署、突出重点、分期分批、高效有序、永续利用的方针进行。正确处理总体与局部、保护与开发利用、社会效益与经济效益、开发与科研、科研与科学普及等方面的关系，这样使保护工作将会进入一个新的阶段。

9.3.2 推行体制创新，加强宣传教育

在认真贯彻执行国家已经颁布的法律、法规的基础上，以法律法规为依据，具体制定配套的符合本地区自然保护区的管理办法及各类地方法规，推行体制创新，推动机构的有效改革，建立集中统一、依法行政管理和具有权威性的管理机构，引入管理新概念，实行高效、精干、权威、协调、信息、经济、管理于一体的运行模式。配备品质好、有才能、通管理、懂业务的人员，充实短小精干、深入实际的管理机构。加大管理力度，依法建设和管理自然保护区，使管理工作进入一个新的管理高度，以建设高水平的保护区。充分利用发挥各种媒体的功能，全方位的宣传和展示国家法律、法规以及地方法规和自然保护区的管理办法，使广大干部、群众对保护自然遗迹和生态环境的法律、法规等有基本的了解，以提高干部群众对自然保护的意识，强化环境保护的重要性。宣传展示形式可以多

种多样，电视、广播等各种新闻工具要广泛经常地介绍。还可举办宣传周、知识讲座、有奖知识竞赛等活动进行宣传，这样可极大地激励广大干部群众主动关心和支持保护事业。当保护成为群众的自觉行动之后，自然资源和生态环境的保护和利用才有可能进入“自由王国”。

9.3.3 科学研究是自然保护的基础和前提

科学研究成果是建立自然保护区特别是地质古生物遗迹自然保护区的重要前提和各项管理工作的基础，是最好的有效的保护形式或重要内容，而保护区的建立又进一步推动了科学研究工作的发展，因此，应在保护的基础上始终坚持系统的科学研究。研究工作可以以我国有关的科研机构和大专院校技术力量为依托，联合地区科研、生产单位等各方力量，搞好协作关系，鼓励群众参与科研。要广泛地进行国内外科研合作，开展国际学术交流，不断创新，提高科研成果水平。保护区管理处要积极配合，主动提供服务。科研、保护相互结合，共同带动，使保护、科研工作取得双丰收。对各项条件成熟的和优秀的恐龙蛋地质古生物遗迹，要努力做好申报《世界遗产名录》的工作，申报世界遗产既是一项学术活动，而且更是一项行政性和司法性的国际性事务，故需按照联合国世界自然遗产委员会的要求及《世界文化和自然遗产公约》等有关章程，做好申报工作，共同保护好世界级的自然遗产（图 9-2）。

9.3.4 坚持改革，大力发展市场经济，筹集保护经费

坚持改革开放，创新思路，大力发展社会主义市场经济，着力调整经济结构，可以采用多层次、多方位、多渠道的方法筹集保护、科研资金。除了我国政府的保护基金和地方财政外，要努力争取

图9-2 作者在考察研究冲积扇（王德有摄，1995）

国际的、外国政府的、非政府的、社会各界的、个人的捐款，或合作投资、保护等各种资金，实行国家、地方投入为主，多方面、多渠道筹集资金为辅的方针。同时保护建设工作也可允许有经济实力的民营企业和个人等参与，直接承担自然保护区的保护、建设工作，并与当地政府或保护主管部门签订行之有效的保护合同。引入竞争机制，运用经济法规，吸取发达国家的管理经验，在保护的基础上，放开搞活，建立开发区，有序开发利用，不断提高保护区的经济效益与社会效益。

9.3.5 创新思路，加强执法的力度和深度

目前，我国在自然遗迹保护与生态环境保护方面已颁布了近10部法律、法规，基本上涵盖了自然遗迹保护建设与环境保护的各个方面，这些法律、法规在我国蓬勃发展的自然遗迹、生态环境保护等方面，已成为严格深入执法的依据，发挥了极其重要的作用，执法工作取得了长足的进展，获得了丰富的成果，有力地改善和促进了环境保护的发展。然而，依照科学发展观和我国迅速发展的自然与环境保护事业来看，我国与时俱进的经常性和严格性的执法，仍然是任重而道远。当前，我们要创新执法思想，推行新的执法理念，把体制执行与群众执法有机地结合起来，建设严格执法与经常性执法的动态结构和长效机制，提高执法的公正性、严肃性，把贯彻执行我国关于自然遗迹、生态环境的保护的各项法律、法规的水平，提高到一个新的高度。在这里我们还想说，目前我国关于自然遗产保护的法律、法规基本上都有了，而开发利用的法律、法规仍未制订，如何处理保护与开发的关系，实际工作中如何操作等，这些都是当前在保护工作中的困惑和无奈，我们期待一部利国利民的相关法规的早日颁布与实施，以使我国的自然保护与开发更科学、更实际、更国际化，以造福子孙万代。

9.3.6 大力推进以恐龙蛋化石为主题的地质公园的建设

联合国教科文组织地球科学部于1999年2月提出了"创建具独特地质特征的地质遗址全球网络，将重要地质环境作为地质遗址可持续发展战略不可分割的一部分予以保护"的地质公园计划，并首创"地质公园"这一名词，属于以地质遗迹为主题的自然公园体系。该计划是对《世界文化和自然遗产公约》和《人与生物圈计划》的一个重要补充和具体化。计划每年在全世界建立20个世界地质公园，全球共建500个，并建立全球地质遗迹保护网络系统。我国于1985年12月加入《世界文化与自然遗产公约》之后，作出了巨大的努力，对世界地质公园计划建设的推进有着十分重要的贡献，走在世界的前列。早在1979年我国就建立了"山东省山旺中新世生物群古生物遗迹国家保护区"，中国地质学家在1985年又提出了在具有地质意义和地质景观优美的地区建立地质公园的建议，以推动切实的保护工作。1987年7月，原地质矿产部下发了《关于建立地质自然保护区规定（试行）的通知》。1995年又颁布了《地质遗迹保护管理规定》，把建立地质公园作为地质遗迹保护的一种重要的新方式提出来。1999年12月，国土资源部在"全国地质地貌保护会议"上，进一步提出了建立"地质公园"的思想，之后的2004年，又明确了开展"地质公园"建设工作的要求，并于同年颁发

了《关于国家地质遗迹〈地质公园〉领导机构及人员组成的通知》，同时成立了"国家地质遗迹〈地质公园〉评审委员会"，接着下发了《关于申报国家地质公园的通知》（附件有国家地质公园申报表）、《国家地质公园综合考察报告》、《国家地质公园总体规划工作指南（试行）》、《国家地质遗迹（地质公园）评审委员会组织和工作制度》和《国家地质公园评审标准》，并建立和出台了一些组织办法。至此，我国的国家地质公园的建设和管理开始纳入了正规化、法制化的轨道，为今后地质公园的健康发展，提供了可靠和有力的支撑。目前，我国已建成包括安徽黄山、江西庐山、河南云台山、嵩山、伏牛山、王屋山—黛眉山、云南石林、广东丹霞山、湖南张家界、黑龙江五大连池、镜泊湖、山东泰山、海南雷琼、河北房山等22个世界地质公园，和建成的国家地质公园一起共计约182个。不少省（区）、市等地方政府，还审批了一批省（区）、市级地质公园，现在已形成了以世界地质公园为核心，国家、省（区）、市级地质公园（遗迹保护区）为网络的420多处的地质公园体系。地质公园蕴涵了地层遗迹、古生物遗迹、构造地质遗迹、地质地貌类地质遗迹、冰川地质遗迹、火山地质遗迹、水文地质遗迹、工程地质遗迹、地质灾害遗迹等地学景观，并将灿烂的中华文化融入其中，它是恐龙蛋化石群最好和最有效的系统保护工程。恐龙蛋地质遗迹是6500万年前地质历史事件的真实记录，是我国十分珍贵的自然遗产。第一，人与自然的关系正在加速恶化，已成为人类社会与自然系统和谐可持续发展的重大问题。地质公园的建设热潮正在全球范围内迅速发展，我国则处于这个发展热潮中的高端，这对于实现人与自然和谐共存、地球系统与人类可持续发展、维护改善地球生命支撑系统和生存环境已成为社会经济发展的基本保证，而具有强大的生命力。因此，地质公园的建设在某种意义上是地质工作发展史上的里程碑，是开启地质遗迹保护的新阶段、新途径，是地质资源利用的新方式。第二，根据《国家地质公园总体规划工作指南》的计划，在今后若干年内，我国将建成30～50处世界地质公园，200～250处国家地质公园，500～700处省级地质公园，1500～2000处市、县级地质公园。这样，对分布在我国17省（区）、市约1000处恐龙蛋化石群古生物地质遗迹的保护，必将揭开保护事业的新篇章。在此，我们建议各级国土资源部门，应全面详细地对我国恐龙蛋化石的产地，首先予以认真的考察，然后进行必要的科学研究。而在公园建设指导思想上，更应着重突出建设以恐龙蛋化石古生物遗迹为主题的各级地质公园，这是因为我国地质公园的发展与类型分布上的不平衡，到目前为止，以恐龙蛋化石为主题或命名的国家地质公园只有湖北郧县青龙山，省级的只有广东南雄、河源等处。而恐龙蛋化石在各类不同的地质古生物遗迹中，具有显著和突出的地位，是大量科学信息的重要载体，故具有极高的科学价值。其次，我国的恐龙蛋化石在20世纪90年代初，在全国范围内遭到了广泛性的破坏，盗挖盗采遍及全国很多地方，可以说，在我国全部地质古生物遗迹中，应算是重灾户，因此更应突出它的保护地位，加大保护的力度，在人力、财力、科研等方面积极投入，把所需资金纳入地方财政年度计划，并切实加强硬、软件的建设。第三，对已有的或正在建设中的各级地质公园或保护区，应大力加强管理机构的建设，制订地质公园或保护区管理机构的组织章程和管理责任制度，及监督管理的长效机制，并加强管理工作经常性的监督检查和考核工作，建立档案，及时跟踪反馈。第四，要正确处理地质遗迹保护与开发利用的关系，可以借鉴国外和我国建设比较好的地质公园的经验，创新开发的模式，走出一条保护认真可靠，开发活跃的管理路子来。第五，按照《国家地质公园总体规划工作指南》的计划，分期分批、有步骤地建设不同级别、不同类型的以恐龙蛋化石群或以恐龙、恐龙蛋化石群为主题的地质公园，并将其纳入国家或地方的地质公园建设的计划中。各级地方政府重视、关心和领导，是地质公园或保护区建设发展的关键。第六，在已经建成的地质公园或保护区内的恐龙蛋化石群，应进一步突出它的保护地位，大力加强系统工程的基础建设，和目前大力推进的国家地质遗迹保护工程结合起来，切实、认真地做好恐龙蛋古生物遗迹的保护和科学研究工作，并进而按照联合国教科文组织遗产委员会的章程和要求，作好我国重要的和特殊价值的恐龙蛋化石古生物遗迹的申报工作，争取将其列入《世界遗产名录》中，共同保护好恐龙蛋化石自然遗产，使自然和环境、生态保护与人类和谐共存，持续发展。

10 恐龙蛋化石收藏的保护、保管

10.1 概言

中国人爱石、赏石、藏石的悠久历史，在我国几千年的文明史的发展中，占有相当重要的地位，构成了我国独有的而辉煌的石文化和玉文化，成为我国文明史中的重要组成部分，是灿烂历史长河中的簇簇浪花和中国文化区别于外国文化的最大特色和分水岭，在世界上是无与伦比的。印第安人的石（玉）文化早已消亡，新西兰毛利人的石（玉）文化在西方殖民主义压制下，仅有少数部落有崇拜现象，而我国的石（玉）文化则随着时代的变迁和发展，越来越光耀夺目，辉照世界。藏石在我国已有几千年的历史，并出现了五次重要高潮，北宋、晚明、乾隆、晚清至民国初期、现代，还出现著名的皇帝收藏家宋徽宗、清乾隆和名人米芾、苏轼等。目前藏石是世界上最流行的时尚，且不断升温，20 世纪 80 年代以来，特别是近 20 年来，我国的收藏事业则发展到了辉煌时期，在我国的各类收藏者，据估计有千万之众，而观赏石和古生物化石收藏者则有 300 万人左右，并自 1984 年以来，在桂林、宜昌、柳州、北京、徐州、上海、南京、武汉、郑州、淄博等地，主办全国性的古生物化石、观赏石、奇石展览 40 多次。市级、省级及全国性的收藏协会 100 家以上，与收藏有关的各类杂志、报刊近 50 种，除国家、各省原有的博物馆外，目前各类奇石馆分布在 10 多个省区，多达 70 余家，著名的有南京中华奇石馆、武汉中华奇石馆、雨花石博物馆、桂林天然奇石馆，奇石王国陈列馆、宜州化石馆等。至于家庭藏石馆（室）目前在全国范围内数以千计，从全国到各省、市（县）各级观赏石协会、收藏协会如雨后春笋般快速发展，兰州、宜昌、柳州、徐州等县市的家庭藏石馆（室）数以百计，它是对国家和省一级博物馆收藏的一种重要补充。藏石、赏石事业方兴未艾，已成为我国保护事业的一支重要力量。收藏事业的兴衰与政治稳定、经济发展、社会和谐紧密相关，是当前我国精神文明和物质文明建设的重要部分，对传承中华文明、继承传统、进行爱国主义教育、创新文明建设也是不可缺少的构成。民间收藏是一种非常形象和特别的国家自然资源历史、大千世界景观的浓缩综合展示和历史、科学、经济、法律的载体。群众对观赏石和古生物化石知识的关注、普及，可以推动地球科学的研究，促进科学事业的发展，保护不可再生的自然资源，带动地方经济的发展，并可能导致重大的科学发现。收藏的过程是一个不断学习、逐渐提高的阶段，琢磨自然的伟大、深邃，领略中华文化的积淀，审视发展传统文化，吸收营养，丰富自己。我国收藏热的形成，是我国政治、经济、社会和谐和可持续发展的产物，是人们物质文化、精神生活不断提高的结果，也是人们向往观赏石漂亮、奇特、内涵丰富，增值保值的体现。人们不再满足加工的艺术和观赏物，而产生出一种新的、融科学和艺术于一体的观赏石理念，追求自然，欣赏天然美，追求生态，关注和谐美。赏石益智、移情，赏石健脑、长寿，赏石养志、通灵，赏石清心、少欲，并且，可以促进科学普及，推动社会和谐进程，增进人类与地球和谐共处的发展。

近几十年来，古生物化石观赏石的收藏和贸易，在我国蓬勃发展，被誉为观赏石中最具魅力的、称为“金蛋”的恐龙蛋化石在观赏石收藏和贸易热中，在公开和半地下的市场中，形成了一种强劲的趋势。它已不是博物馆、自然历史馆里的高贵陈列品，现在已经走入了寻常百姓家。目前人数增多，地域扩大，基本遍及我国多数省、市、地区，出现在少数大款、经商者、收藏爱好者及一般百姓家中的厅堂和几桌之上，并且我国的恐龙蛋化石尚有不少流失国外，造成了不可弥补的损失。因此，制定收藏与从事商业化的一部法律，使保护古生物资源与开发、科研与管理、收藏与贸易、公园建设与文化交流等关系的界定，有法可依，这样，既可搞活经济，推动社会进步，又能有效保护自然资源永续利用，使其和谐统一，对当前及今后可持续发展都具有十分重要的现实、历史意义，对世界观赏石、古生物化石贸易无疑也是一个大的贡献。在制定一部法律的基础上，必须根据我国和各省观赏石、古生物化石的数量、规模、区位条件、交通情况、文化历史、经济发达程度等，制定一个各类观赏石、古生物化石贸易的市场准入证详细名单，名单中既要有观赏石的种类、名称、产地，又要有数量限制，国家可委托国土资源部及各省国土资源厅，市、县国土资源局，按照要求办理和监督执行，使广大群众知道怎样收藏合理、如何贸易合法，有了政策、法律就能使收藏和贸易更加广泛、健康地发展。目前对恐龙蛋化石和其他化石的收藏者基本可以分为收藏者、只收不藏者（送人）、收藏兼贸易者及专门的商人。国家各省（市）的博物馆的收藏与个人、民间的收藏相比，是比较少的。在收藏的过程中少数大款盲目大量买进、过量收购，既搞乱了市场，又浪费了资源。对于真正的收藏者应该给予鼓励，支持他们，但同时又要维护他们正当的商业秩序和商业利益，要求他们又要遵守国家的法律和商业道德。在恐龙蛋收藏和国内、国外观赏石贸易的驱动下，在经济利益的诱惑中，国内的部分人乘机盗挖恐龙蛋化石，且波及我国大多数恐龙蛋化石产地，并屡禁不止，其他古生物化石的盗挖歪风也屡打不息。同时，一些人慑于国家的法律和执法的严肃，部分地方、部分人虽然停止了盗挖活动，但制假、仿制恐龙蛋和其他古生物化石的行为，则在一些地区盛行，并逐步在南方、西北等地的一些省份发展，且在制假和仿制的工艺技术上，达到以假乱真、真假不辨的地步，制造的数量也正在成倍或几倍的增长，可见市场和需要量在增长，市场容量的扩大，使造假者的财源广进。这些弊端给收藏者造成损失，给市场经济造成混乱，给司法鉴定带来困难，给执法增加难度，严重地影响了和谐社会的建设。这是当前我国商业诚信存在的又一问题。

10.2 恐龙蛋化石收藏保护及注意事项

“盛世藏宝，乱世藏金”，随着改革开放的推进和市场经济的发展，我国的观赏石收藏事业迅速发展、繁荣。收藏既是一门科学，又是一门艺术，更是一种经济知识，因此，收藏要树立正确的理念，不带或少带功利性质，只有好好地保管、保护，才有科学价值、经济价值和实际意义，达到观赏与愉悦的目的。

10.2.1 收藏保护

恐龙蛋化石的收藏和陈列摆设，涉及较多的方面，科学地收藏保护与鉴赏，可以增加财富，陶冶情操，带来知识，领略中华石文化的博大精深，真正体会到观赏石（恐龙蛋）是科学的载体，情感的伴侣。因此在收藏过程中要思想正确，不要盲目跟风，缺乏主见，心情浮躁，道听途说，必须认识认真、科学保护的重要性，并且采取合乎实际的保护方法，才可能得到事半功倍的效果，使恐龙蛋化石长时间的完整保存，为达此目的，我们认为可以按以下方法和程序进行。

（1）收藏前的工作

1）市场分析。在收藏恐龙蛋化石时对于目前市场上化石的价格、质量好坏和真假作些调查，并初步掌握一些作假的技法，作到心中有数，切记心态要平静，以避免不必要的经济损失和带来的麻烦。

2）正确定名。当你看到可收藏的恐龙蛋化石时，应对它进行初步的定名，属于哪种类型的恐龙蛋。认真细致地观察、科学地描述，自己不能鉴定或感到棘手时，可请专家和附近地质、古生物工作单位去审定。

3）真假辨别。当你看到恐龙蛋化石和其他古生物化石后，带上放大镜和其他工具，认真地对它进行细致鉴定，辨别真假。在此之前，要了解目前市场上作假的技法。同时，要了解恐龙蛋化石的特点，以便对照观察，区别真假恐龙蛋。自己不熟悉时，可聘请专业人员或有关单位鉴定。

4）了解产地。当你看到恐龙蛋化石，并决定要收藏它时，应该向出售人了解化石的产地、位置和地质情况。如果他是新手，就不一定知道；如果他是老手，他就会告诉你。当你听后，就要分析它的真实性，这对于确定真假恐龙蛋化石十分有利。

5）思想正确。在收藏恐龙蛋化石的过程中，要树立正确的收藏理念，在思想上，一定要力戒急躁、情绪激动，不要急功近利，要静下心来，专心致志地听取出售人的介绍，认真细致从各个层面上去观察标本，并开动脑筋认真思考。

（2）保护保管

在恐龙蛋化石的收藏过程中，由于它与其他的实体化石不同，其属于遗迹化石中的遗物化石，即恐龙产的卵。在保存为化石后，只有一层蛋壳，而内部的蛋白、蛋黄、水分等物质早在成岩过程中消失殆尽。因此，恐龙蛋化石的保护主要是对蛋壳的保护、保存，没有蛋壳或者用不同的蛋壳人工粘上去，这就失去了实际意义和收藏价值。恐龙蛋成为化石后，一般整个蛋壳绝大部分都有裂缝、裂纹，就像龟壳一样，尤其是蛋核为泥砂质或砂砾质的完整无裂纹的极少。只有一种蛋核为方解石质（碳酸盐类）的，裂缝极少或基本上没有。根据恐龙蛋化石的特点和一些收藏者的经验，其保护、保管的方法主要有下面一些，供收藏爱好者参考。

1）清理整饰。在恐龙蛋化石从出售处买回之后，要用毛刷将化石上的灰尘及杂物清扫干净，仔细观察有无损坏之处。

2）粘缝加固。在清理之后，观察恐龙蛋上的裂缝和蛋皮与蛋核之间粘结是否牢固结实，如发现有松动或小块脱落现象时，可取 502 胶水，粘贴其缝和蛋皮鼓起脱落之处，并轻轻按压，使其与蛋核紧密接触。

3）建立档案。对收藏较多或存有大量藏品的收藏家来说，对恐龙蛋化石要逐一建立档案，将每一件标本的编号、名称、属种、物质成分（蛋核、蛋皮）、产地、日期等，造册登记，并附必要的照片。而对于收藏 1 枚或几枚的收藏者，则只制作一张卡片即可，填卡内容与前述相同。

4）放置。恐龙蛋化石放置的地方，要求干燥、通风，温度适中，不要置于潮湿、太阳曝晒之处，否则引起蛋壳和蛋核物质因不同的膨胀性质，而使蛋壳脱落或大面积的使蛋壳与蛋核脱离鼓起成包，故标本不宜于放置在地下、杂物堆积处，最好置于通风的架子上或柜内等处存放。

5）不与酸、碱接触。恐龙蛋化石壳主要为碳酸盐类矿物，蛋皮与酸、碱接触或酸、碱溶液滴在蛋皮上，引起腐蚀、溶解，致使蛋壳变形、变质而损坏，故严禁用酸、碱洗刷，也不要用清水洗刷蛋皮，同样会引起蛋皮与蛋核的分离。

6）科学研究。研究也是一种保护方式，在研究中要系统全面地发掘恐龙蛋的物质成分、结构、构造、石化过程、产出条件、古环境意义等一切信息，将其记录在案，以阐释它的丰富内涵。

7）配盒包装。恐龙蛋化石在完成清理和整拭定名之后即可装盒。锦盒或玻璃盒，目前市场上均可购买。也可预先与有关厂商联系，提出规格、尺寸和质量、面饰和盒内垫置软布等要求，让厂方按要求制作。在装盒以前，可依照恐龙蛋化石蛋壳完好的情况，可用白色透明塑料袋或塑料膜进行包装，并经常检查观看，以保证它的完整保存。

10.2.2 注意事项

1）严禁用铁锤和其他铁器、石器击打恐龙蛋化石，以免损坏。

2）禁止用水、酸、碱擦拭，以防止蛋化石脱壳、腐蚀。

3）在把玩和搬运过程中，要注意轻搬轻放，特别要防止蛋化石掉落地上摔碎损坏。

4）在恐龙蛋化石上，最好不要涂抹清漆及其他油漆、石腊（水）等。目前，在一些博物馆和少数收藏者中，多用清漆涂抹恐龙蛋，这样影响了蛋化石的自然状态。

11 中国恐龙蛋之乡

在中国已经发现和鉴定研究的恐龙蛋化石，已达 60 多种。类型有 9 科、18 属、61 种以上。我国地域辽阔，中新生代陆相盆地遍布各地，白垩纪地层发育沉积巨厚，是我国重要的产油层位。目前已在河南、广东、山东、湖北、湖南、江西、安徽、内蒙古、吉林、新疆、辽宁、陕西、宁夏、四川、江苏、浙江、甘肃 17 省（区）发现恐龙蛋化石。在河南省发现的长径在 34.5 ～ 61cm，横径 14 ～ 27cm 及浙江天台发现的长圆柱蛋类化石，在世界上是独一无二的。我国恐龙蛋化石具有分布地域广、数量多、种类全、含蛋层多、埋藏原始及具重要的地层界限剖面等特点。与美洲、欧洲的产地相比，我国的恐龙蛋化石在世界上是最重要的，在整体水平上超过美国蒙大拿州的“龙蛋山”。恐龙蛋化石群在科学研究方面，我国现有包括国家科研院（所）、地方科研机构、地质部门等一批致力于恐龙蛋化石研究的人员，并且是综合学科性质的研究，因而有较高的研究水平，涌现了一批研究恐龙蛋的专业人才，积累了一批重要的科研成果，在学术上进入了世界领先水平，引起了全世界的关注。与此同时，配合环保和保护古生物化石为目的的恐龙蛋知识普及，在全国也有很大程度的提高。为了更进一步推动我国地球科学的普及，提高群众科学知识素养，认识自然，改造世界，构建和谐社会，为此在这里我们从我国 1000 余处主要的恐龙蛋化石产地中，选择研究程度较高的产地河南西峡及淅川、湖北郧县青龙山、广东南雄及河源、山东莱阳、江西赣州、内蒙古二连、陕西山阳、湖南常桃等地作一简单的介绍，以供广大群众考察参观研究。

11.1 河南省西峡恐龙蛋

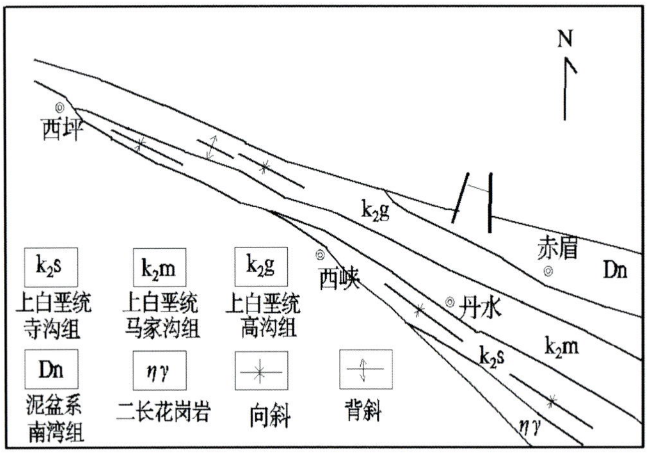

图11-1 西峡盆地地质构造略图
（周世全等，2005）

西峡盆地横贯豫、陕两省的内乡、西峡及商南一带，位于秦岭东段南侧，盆地向东与南阳盆地相连，向西尖灭于陕西省商南县境内。盆地呈东宽西窄的北西南东向展布，东西长约 100km，南北宽 5 ～ 10km，面积约 750km²（图 11-1）。盆内沉积一套以河流相为主的陆相类磨拉石碎屑岩系，厚约 4000m，时代为晚白垩世，自下而上为高沟组、马家村组、寺沟组，1974 年发现恐龙蛋化石，1992—1993 年间被大量盗挖。经几十年的研究，目前恐龙蛋种类已有7科、10属、21种，含蛋层在19层以上，恐龙蛋数量非常巨大，据初步统计，整个盆地约在50万枚以上，一般每窝5～20枚，最多者达61枚，并有一定数量的恐龙骨骼化石（图11-2、图11-3）。另外还有孢子花粉及恐龙脚印、泥龟化石，以及丰富的虫迹与少量的介形虫、叶肢介、双壳类、腹足类、轮藻化石等。最近报道，在阳城还发现了鸟蛋和鳄类蛋化石等。该区原始生态系统与自然生态信息保存相当完整，是一个世界级的重要古生物化石宝库圣地。

图11-2 恐龙骨骼化石（河南西峡）
（周世全摄，2007）

图11-3 恐龙牙齿（河南西峡）
（路宁摄，2007）

(1)恐龙蛋化石类型

树枝蛋科

树枝蛋属：赵营树枝蛋 分义树枝蛋 树枝树枝蛋 树枝蛋未定种 三里庙树枝蛋

扁圆蛋属：滔河扁圆蛋相似种

网格蛋科

网格蛋属：内乡网格蛋 红坡网格蛋

蜂窝蛋科

蜂窝蛋属：蜂窝蛋未定种 蜂窝蛋新种

杨氏蛋属：夏馆杨氏蛋　西坪杨氏蛋

圆形蛋科

副圆形蛋属：副圆形蛋未定种　二连副圆形蛋相似种 副圆形蛋新种 阳城副圆形蛋

圆形蛋属：圆形蛋未定种

椭圆形蛋科

椭圆形蛋属：椭圆形蛋未定种

棱齿龙蛋科

棱柱形蛋属：戈壁棱柱形蛋（图11-4）

巨形长形蛋科

长圆柱蛋属：西峡长圆柱蛋

长形蛋科

南雄蛋属：南雄蛋未定种

图11-4 棱柱形蛋一窝（河南西峡）
（梁新权摄，2007）

（2）自然保护区及博物馆建设

西峡恐龙蛋化石群古生物遗迹由河南省人民政府于 2000 年批准建立“省级保护区”，2003 年 6 月国务院以国发办[2003]54 号文批准建立“河南南阳恐龙蛋化石群国家级自然保护区”，是我国最早建立的恐龙蛋化石古生物遗迹保护区。2004 年由国土资源部批准建立“河南西峡伏牛山国家地质公园”。2005 年在此基础上整合原有的“内乡宝天曼国家地质公园”、“南阳独山玉国家矿山森林公园”等项资源之后，申报“中国伏牛山世界地质公园”，至 2007 年 8 月申报成功，目前已建成“中国伏牛山世界地质公园”。保护区和地质公园的建成，对于具有分布广、数量巨大、类型多样、保存完整、状态原始和纵向上组合三分等特点的世界上罕见的地质古生物遗迹的进一步保护，有着重要的意义和影响。为开展科学研究，开拓国内外学术交流和旅游产业的发展，并为普及地球科学、生命科学、提高广大群众的科学素质，提供了有利的条件和场所。

图11-5 时空隧道外景（河南西峡）
（西峡恐龙蛋遗迹园画册，2006）

中国西峡恐龙蛋化石博物馆属于大型的恐龙蛋主题公园，位于河南省西峡县丹水镇三里庙村遗迹园，主要由地质科普广场、恐龙蛋化石博物馆、恐龙蛋遗址（恐龙蛋时空隧道）和仿真恐龙园 4 部分组成，展馆总面积约 4800m^2，总投资 6800 万元，始建于 2003 年 3 月，2006 年 7 月完成，正式对外开放。恐龙蛋化石馆内展出了西峡阳城赵营及西峡阳城樊营产出的西峡长圆柱蛋两窝，每枚蛋长约 40 ～ 50cm，它是恐龙蛋馆的镇馆之宝，是目前世界上最大的蛋窝也是全球唯一的产地，其他展出了树枝蛋类、副圆形蛋类、杨氏蛋类、棱柱形蛋类、巨型长圆柱蛋类等蛋化石及诸葛南阳龙与部分恐龙骨骼化石等，总计约 600 件以上，件件珍宝，相映生辉。该馆是国内唯一一座以恐龙蛋化石为主题的综合性博物馆，同时是世界上唯一的一座以恐龙蛋为核心的博物馆。恐龙蛋时空隧道（图 11-5）总长 360m，呈“U”字形，展示晚白垩世地层内 19 层含蛋化石中的一层，隧道内原地埋藏类型蛋化石 400 多枚，景象甚为壮观，在原址上以开凿地道展示恐龙蛋化石窝的方式（图 11-6），开创了博物馆展览方式的新阶段，这是对人类的贡献，当然应赢得世界独一无二的称号。至目前为止迎来了包括美国、英国、德国、印度、丹麦、韩国、日本等国和我国香港、台湾地区及内地大量观众，参观人数在 200 万左右，已成为国家 4A 级旅游景区、夏令营基地、科教基地等。

图11-6 时空隧道内的恐龙蛋
河南西峡（梁新权摄，2007）

（3）有关西峡恐龙蛋化石的展出

西峡恐龙蛋在国内外多次展出，受到国内外各届的欢迎和好评，主要展出有：

1）1994 年 7 月 8 日，在岛国日本三重县伊势市朝熊山麓国立森林公园旁的世界节日博览村的大型综合馆内，来自中国西峡的 20 枚恐龙蛋陈列在主题馆内公开展出（图 11-7），把中国的这震惊世界的伟大发现告诉亿万日本人民，传达中国人民对日本人民的友好情意，不几日，西峡恐龙蛋化石展出的消息经过新闻媒体风行全日本，在展出的 108 天中，观众有 200 万之多，至 1994 年 11 月 8 日，20 枚恐龙蛋化石作为中国人民的友好使者，带着岛国人民的深情厚意，载誉回到祖国。

图11-7 西峡恐龙蛋化石在日本三重县科技、文化、艺术博览会展出（李占扬，1998）

2）1995 年 5 月 14 日，我国的首都北京春意盎然，欢声笑语一片，南阳市委、市政府在京成功举办了“中国南阳恐龙蛋、古文化及科经贸展览洽谈会”，包括世界最大的一窝长圆柱蛋在内的 300 多枚西峡恐龙蛋化石在中国革命军事博物馆展出，为期 12 天，受到了首都人民的热烈欢迎，参观的人们络绎不绝。

3）1996 年 3 月，南阳市人民政府与中国科学院国际学术交流中心、中科院古脊椎动物与古人类研究所共同在日本名古屋市举办了“中国丝绸之路恐龙特别展”，西峡的展品包括世界上一窝最大的蛋化石在内的 100 多枚恐龙蛋化石，在日本名古屋东山动物园科技馆展出，再次受到日本人民的热烈欢迎和极大的兴趣，参观人数在100万人次以上（图11-8、图11-9、图11-10、图11-11）。

4）1996年5月，河南省南阳市人民政府与中科院古脊椎动物与古人类研究所在南阳市联合举办了“1996中国—南阳恐龙蛋化石保护与研究国际学术讨论会”，来自美国、日本等国和我国台湾、

图11-8 日本名古屋东山动物园馆址
（周世全等，2005）

图11-9 西峡恐龙蛋在名古屋展出的情景
（周世全等，2005）

图11-10 日本观众在观看西峡恐龙蛋化石
（周世全等，2005）

图11-11 长圆柱蛋（一窝）在日本名古屋展出
（周世全等，2005）

香港等地的代表与国内10多省的代表约100余人，参加了会议，收到论文约70篇。会议的召开，加强了南阳恐龙蛋化石的保护开发，促进了恐龙蛋化石、地层、沉积环境等各个方面的研究，推动和加强了国际科学文化交流与合作。

5）1996年8月，在北京召开的第三十届国际地质大会期间，河南境内唯一一条由河南省主办参观考察的T395路线，主要考察地点即为西峡盆地，涉及恐龙蛋化石类型、层位、埋藏特点及地层层序、沉积相等各个方面，参观考察的美国、日本及我国台湾和大陆的部分学者，一行约10人。

6）2005年4月6日至9日，西峡恐龙蛋化石和南阳恐龙化石，由南阳市人民政府在香港的维多利亚海滨会展中心举办了"河南省南阳市恐龙蛋化石旅游文化资源展示推介及投资贸易洽谈会"的展览，展出了恐龙蛋化石118枚及部分恐龙化石。这次展出是"河南省人民政府2005年豫港投资贸易洽谈会"的组成部分和一个分会场，参观人数在10万人左右，受到香港市民的热烈欢迎和高度关注，取得了社会、经济效益的双丰收。

目前，第二期恐龙化石展馆及配套工程——恐龙山、大型娱乐设施等工程已经进入规划设计阶段，不久即将开工建设，到时一个世界上品质卓越、特性独具、科学丰蕴、环境优美的新型"世界龙都"，将涌现在东方的地平线上，在新世纪灿烂的阳光照耀下开花结果。

11.2 湖北省郧县青龙山恐龙蛋

湖北郧县青龙山盆地位于郧县柳坡乡，距郧县南西方向10km处，区内为低山、丘陵。郧县地处汉江中上游，东枕道教圣地武当山，西连秦岭山地，南临车城十堰。青龙山盆地面积约20km^2，向东与河南李官桥盆地相连，盆内为一套以冲积扇相为主体的红色陆相碎屑沉积，自下而上划分为3个岩性组，总厚在130m以上，时代为晚白垩世，可见6层含蛋层(1985年3月发现)。经中国地质大学、湖北省地矿局等单位研究，恐龙蛋已有5科、6属、8种，集中区地表分布2000多枚，总体估计在10 000枚以上。每窝一般10～25枚，最多的为36枚。

(1)恐龙蛋化石类型

树枝蛋科

　　树枝蛋属：红寨子树枝蛋　土地庙树枝蛋　王店树枝蛋

　　似树枝蛋属：青龙山似树枝蛋(图11-12)

网格蛋科

　　网格蛋属：红坡网格蛋

蜂窝蛋科

　　蜂窝蛋属：宁夏蜂窝蛋

图11-12 树枝蛋化石(湖北郧县)
(詹华芳摄,2001)

圆形蛋科

副圆形蛋属:二连副圆形蛋

棱柱形蛋科

棱柱形蛋属:汉水棱柱形蛋

(2)自然保护区及博物馆建设

青龙山恐龙蛋化石群已于2003年批准建立"湖北郧县青龙山恐龙蛋化石群国家级自然保护区",并于2005年批准建立"湖北郧县恐龙蛋化石群国家地质公园"(图11-13)。在青龙山一带的核心保护区内建立了混凝土围墙,总长有4km,更有利于保护管理工作,有效的保护核心区。

郧县青龙山恐龙博物馆属于旅游性的展览馆,馆内陈列的是梅铺一带产出的鸭嘴龙类八颗龙及一定数量的恐龙蛋化石。在红寨子、土庙岭、贺家村、磨石沟等地的密集分布区,在地表可见到成窝的原地埋藏的恐龙蛋,一般窝间距离3~10m,目前该馆已对外开放,供考察参观旅游。

图11-13 郧县青龙山国家地质公园
(郧县国家地质公园管理局,2007)

11.3 广东省南雄恐龙蛋

南雄盆地位于广东省南雄至始兴县一带，盆地呈两端小中间大的棒槌状，北东–南西向分布，长约100km，宽约18～25km，面积约3000km^2，盆内沉积了一套棕红色碎屑岩石，总厚1300～3300m，时代为晚白垩世，含蛋层从下至上约30层，产恐龙、轮藻、腹足类、双壳类、介形类、恐龙足印等化石。恐龙蛋于1963年首次发现。经赵资奎研究，蛋化石划分为3科、6属、12种，至1991年底南雄市的初步统计，南雄已经发掘的蛋窝共24窝300多枚，始兴县蛋窝70多个，蛋化石约200枚以上。每窝一般3～20枚不等，最多30多枚。是目前世界上研究恐龙绝灭问题的最佳地区之一，也是亚洲不多的可选地。

(1)恐龙蛋化石类型

长形蛋科

巨形蛋属：瑶屯巨形蛋 粗皮巨形蛋 巨形蛋未定种

长形蛋属：安氏长形蛋 长形长形蛋 主田南雄蛋(图11-14) 长形蛋未定种

椭圆形蛋科

椭圆形蛋属：金刚口椭圆形蛋相似种 薄皮椭圆形蛋相似种 椭圆形蛋未定种

圆形蛋科

属未定：尔氏始新蛋

松果蛋属：坪岭松果蛋

(2)保护区及博物馆建设

20世纪90年代初，当时南雄县政府设立了5个恐龙蛋化石自然保护区。2005年，在中国科学院古脊椎动物与古人类研究所的支持下，经广东省人民政府批准将南雄恐龙蛋化石保护区提升为省级自然保护区，并成立了保护管理站，使恐龙、恐龙蛋遗迹的保护，步入了正规有序的保护范围之内。与此同时，建立了“南雄恐龙博物馆”，馆内陈列了南雄产出的恐龙与恐龙蛋化石及其他古生物化石标本。目前，南雄市政府还在积极筹建南雄世界恐龙公园项目，主题是科研、科普基地和声、光、电效应的模拟恐龙与恐龙文化的独特旅游景点。

图11-14 长形蛋一窝（广东南雄）
（杨锺健，1965）

11.4 陕西省山阳恐龙蛋

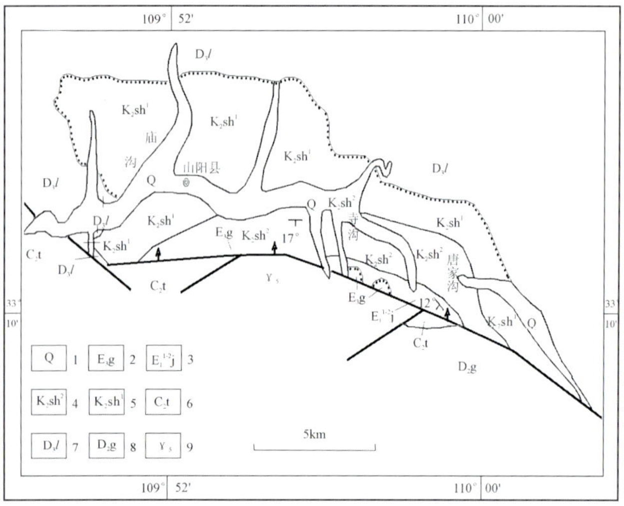

图11-15 山阳盆地地质图(引自薛祥煦等，1996)

1.第四系；2.渐新统观音寺组；3.中-下古新统鹘岭组；4.上白垩统山阳组上段；5.上白垩统山阳组下段；6.中石炭统铁石铺组；7.上泥盆统刘岭组；8.中泥盆统古道岭组；9.花岗岩

山阳盆地位于陕西省山阳县境内，呈北西南东向展布，东西长约22km，南北宽约5km，面积约130km²，盆地为一南断北超的箕状盆地，地层出露良好，构造简单(图11-15)。山阳组为一套棕红、紫红色厚层砾岩、砂砾岩与泥质粉砂岩、砂质泥岩、砂岩的碎屑岩系，厚度700～1000m，底部与上泥盆统刘岭组呈超覆关系，顶部以一层泥质粉砂岩与古近系鹘岭组底部砾岩呈假整合接触。可分下、上两段，含有丰富的恐龙和恐龙蛋及介形类、腹足类等化石，恐龙主要有霸王龙类、山阳龙、巨形山东龙相似种、蜥脚类等，恐龙蛋化石共有3科、6属、6种。时代为晚白垩世，恐龙蛋化石于20世纪80年代中期发现，含恐龙蛋化石层为4层，蛋化石经薛祥煦、张秋南等系统研究。上白垩统山阳组与古近系鹘岭组的界限基本清楚，上、下古生物化石丰富，磁性地层与生物地层、岩石地层划分对比结果基本一致，这是当前我国恐龙绝灭和上白垩统与古近系界限研究比较适宜的地区之一。

图11-16 瑶屯巨形蛋一窝(陕西山阳)
(周世全摄，2007)

(1)恐龙蛋化石类型

椭圆形蛋科

椭圆形蛋属：金刚口椭圆形蛋相似种

圆形蛋科

山阳蛋属：山阳山阳蛋

副圆形蛋属 细层状副圆形蛋

长形蛋科

巨形蛋属：瑶屯巨形蛋（图11-16）

长形蛋属：长形长形蛋

鳞片蛋属：过风楼鳞片蛋

(2)保护区及博物馆建设

山阳盆地东距河南西峡盆地约140km。恐龙蛋化石在1985年发现后，一直默默无闻，安然无事地躺在它们曾历经辉煌的历史时代的档案里，在1992—1993年全国掀起的盗挖古生物化石之风，吹到了这个深山区的盆地内，山乡不再寂寞，形形色色的外地去的盗挖者从东到西、自南向北的穿越在盆地中，扰乱了山乡的宁静，致使保存完好的恐龙蛋化石群自然遗产遭到破坏。特别是白垩系与古近系界线处的古生物化石，地表部分几乎盗挖殆尽，这是十分可惜的，使这个可以研究恐龙大绝灭的非常适宜的界线剖面的古生物化石资源，再也不能还它本来的面貌。目前，盗挖现象已基本控制，而保护工作任重而道远。我们建议当地政府，应立即建立县级自然保护区，然后向陕西省人民政府申报筹建省级自然保护区，使保护走上正规有序之路，并拨专项资金恢复被破坏的地质地貌资源，在具备条件时，建立县级恐龙、恐龙蛋和其他古生物化石、文物的综合性博物馆，以提高保护的程度和级别，推动县城经济的发展。

11.5 山东省莱阳恐龙蛋

莱阳盆地位于山东省东部的胶州半岛，正处在郯卢大断裂的东部。属于走滑拉分盆地，呈北东南西向展布。盆地面积约5800km^2，盆内为一套以红色为主的陆相碎屑岩，总厚约2810m，王氏组自下而上分成三段：下段为棕或棕红色粉砂岩、细砂岩夹砾岩、砂砾岩；中段为红或灰绿色泥岩、粉砂岩夹砾岩；上段由棕红或紫灰色砾岩、粉细砂岩组成。产恐龙、腕足类、介形类化石。时代为晚白垩世。1951年周明镇教授发现恐龙蛋化石，并于1951年、1954年发表了有关的研究论文，后杨锺健、刘东山教授及北京自然博物馆的有关人员发现两窝完整的几十枚恐龙蛋。1954年、1958年、1959年3年，杨锺健教授分别发表了三篇研究论文，后赵资奎等于1974年再次用显微镜方法研究了莱阳恐龙蛋的显微结构。莱阳的恐龙蛋化石是我国解放后最早在全国发现的和古生物科学上的重要突破，并为以后在全国继续发现恐龙蛋化石，起到了非常有益的启发。莱阳盆地恐龙蛋化石经赵资奎研究共有3科、5属、11种。

(1)恐龙蛋化石类型

椭圆形蛋科

椭圆形蛋属：金刚口椭圆形蛋　三条纹椭圆形蛋　混杂纹椭圆形蛋　单条纹椭圆形蛋　薄皮椭圆形蛋　将军顶椭圆形蛋

长形蛋科

长形蛋属：安氏长形蛋　长形长形蛋

巨形蛋属：巨形蛋未定种

圆形蛋科

副圆形蛋属：二连副圆形蛋（图11-17）

圆形蛋属：厚皮圆形蛋

图11-17 副圆形蛋(山东莱阳)
(张和等,2007)

(2)保护区和博物馆建设

莱阳恐龙、恐龙蛋化石群遗迹,现已列于市级古生物遗迹自然保护区。今后,可望向山东省人民政府申报提升为省级自然保护区。目前,未建专门的恐龙蛋、恐龙化石博物馆。已有的一定数量的标本,存于莱阳市博物馆内。

11.6 内蒙古自治区二连恐龙蛋

二连位于内蒙古自治区北部与蒙古国接壤处,是我国的边境口岸城市。二连盆地呈北东南西向展布,属于箕状断陷,盆内沉积一套杂色陆相碎屑岩系,下部为灰白色砂砾岩、粗砂岩夹中细粒砂岩及绿色薄层砂质泥岩;上部为砖红或灰绿色泥岩、砂质泥岩夹灰白色砂岩及薄层泥灰岩,厚80～330m。二连素有"恐龙公墓"之称,产有众多的恐龙化石,有巴克龙、角龙、古似鸟龙、甲龙等20余种,代表全球恐龙活动最晚期的生物群特征,是亚洲最早发现恐龙化石的地区之一。恐龙蛋化石早在1923年美国人安德鲁斯在二连附近发现,这是我国恐龙蛋发现的最早纪录,后在20世纪70年代相继找到大量的恐龙蛋化石,据目前的不完全统计,有2科、3属、5种,而且还发现了恐龙胚胎化石。

(1)恐龙蛋化石类型

长形蛋科

长形蛋属:安氏长形蛋 长形长形蛋

巨形蛋属:粗皮巨形蛋

圆形蛋科

副圆形蛋属:二连副圆形蛋(图11-18) 副圆形蛋未定种

(2)保护区与博物馆建设

二连恐龙蛋、恐龙化石古生物遗迹早

图11-18 二连副圆形蛋(内蒙古二连)
(张和等,2007)

已建成市级自然保护区，1998 年升格为省（区）级自然保护区，并建立二连盆地白垩纪恐龙化石地质公园。其内建有遗址埋藏馆、发掘化石参观现场，白垩纪古生物研究所、白垩纪生态演示厅。这些建设使古生物遗迹保护走上了正规有序之路。博物馆始建于 1989 年，扩建于 2002 年，分设两个展厅，分别为古生物化石展厅和二连发展史厅。馆内展出两具恐龙化石和较多的恐龙蛋化石。

11.7　江西省赣州盆地恐龙蛋

赣州盆地位于江西省南部，与南雄、信丰盆地相临，盆地呈北东南西向长条状分布，盆内为一套陆相碎屑岩系，岩性为砖红、灰红、暗红色砂质泥岩、砂砾岩、含砾泥质砂岩、含砾砂岩等，夹玄武岩和中基性火山碎屑岩，地层单位称赣州组或南雄组，后又改称圭峰群，时代为晚白垩世。产恐龙肢骨、龟类、介形类、植物化石及恐龙蛋化石，总厚约 2700m。1964 年，北京自然博物馆的王存义和时墨庄，在赣州城南五里亭始发现一窝完整的蛋化石，共 24 个及碎蛋片、恐龙骨骼碎片若干，以后又相继发现了一些蛋化石。

(1)恐龙蛋化石类型

区内的恐龙蛋化石由于研究程度和资料等问题，而不能详细列出名单，现就将初步已知的种类列述如下：

长形蛋科

　　长形蛋属：长形蛋未定种

　　巨形蛋属：粗皮巨形蛋（图 11-19）

　　南雄蛋属：南雄蛋未定种

圆形蛋科

　　副圆形蛋属：副圆形蛋未定种

椭圆形蛋科

　　椭圆形蛋属：椭圆形蛋未定种

(2)保护区和博物馆建设

赣州恐龙蛋化石等古生物遗迹，现已列为江西省赣州市级自然保护区，目前，专门的恐龙蛋、恐龙化石博物馆暂无规划，尚在酝酿中。

图11-19　粗皮巨形蛋一窝（江西赣州）
（杨锺健，1965）

11.8 广东省河源恐龙蛋

河源盆地位于广东省东部新丰江水库之南，河源大断裂的东南部。盆地呈北东南西向展布，形状不规则，属断陷型盆地，南北长约 62km，东西宽 5～20km，面积 725km^2，是广东十大红色盆地之一。盆内为一套陆相碎屑沉积，统称南雄群，并从下而上分为大凤组、主田组、浈水组，岩性主要为一套暗紫红、紫红色的砾岩、砂砾岩、含砾砂岩、钙质粉-细砂岩、钙质不等粒砂岩、砂质泥岩、含砾中粗砂岩等，中部含较多钙质结核，总厚约 4600m，产恐龙骨骼、足迹及腹足类、双壳类、介形类、龟蛋类、陆龟等化石。恐龙蛋化石最早于 1971 年在河源市下岭、黄沙和东源县城等地发现。从 1996 年至 2001 年 5 月，在河源市南部红石柱村、石光埔村等地的 10km^2 左右的范围内，共发现恐龙蛋化石 182 窝，计 2038 枚，1999 年至今发现 8 具兽脚类恐龙骨骼化石，脚印 168 个，至目前为止，共发现收藏的蛋化石 10 000 余枚，有两个密集蛋化石的层位。

(1)恐龙蛋化石种类

椭圆形蛋科

椭圆形蛋属：椭圆形蛋未定种

长形蛋科

长形蛋属：长形蛋未定种 巨形蛋属 巨形蛋未定种

圆形蛋科

副圆形蛋属：副圆形蛋未定种(图 11-20)

树枝蛋科

树枝蛋属：树枝蛋未定种

(2)保护区与博物馆建设

河源恐龙蛋化石自 1996 年发现

图11-20 副圆形蛋一窝(广东河源)(张和等，2007)

后，河源市人民政府立即颁布了《关于保护恐龙蛋化石的通知》，并着手建立市级自然保护区。2000年河源市地质矿产局编制了“广东省河源市恐龙系列化石省级自然保护区综合考察报告”及“规划书”，并将失落在民间个人手中的恐龙蛋化石收集到河源市博物馆内保存。2005年，广东省人民政府正式批准“河源市恐龙蛋化石自然保护区”升格为省级保护区。河源恐龙蛋化石目前未建专门的博物馆，只在市博物馆内专门设置了陈列室，展示目前已有的恐龙蛋、恐龙骨骼化石。河源市政府拟在恐龙蛋化石集中区筹建“河源恐龙遗址公园”。该项目估算投资约5亿元，河源市以土地和恐龙综合资源作为产业入股，目前，正在与香港等地有关单位联系洽谈，相信在不远的将来，河源能够建成国内一流的“恐龙遗址公园”。

11.9 湖南省常–桃盆地恐龙蛋

常–桃盆地或称洞庭盆地，位于湖南省北部常德、桃源一带，洞庭湖西部，北与江汉盆地相临，盆地呈北东南西向不规则状椭圆形分布。盆内沉积一套棕红色碎屑岩系，岩性主要为砾岩、砂砾岩、长石石英砂岩、含砾砂岩、砂质泥岩、粉砂质泥岩、泥岩等，碎屑物一般较粗。按照岩性分为三阳港组、分水坳组，厚度分别约为1600m、1160m。时代归属于白垩纪早期至晚期。含有丰富的孢粉、轮藻、介形类化石。下部产虚骨龙化石，恐龙蛋化石系湖南石油地质普查勘探大队，于1976年初在常德岩码头彭家坡发现，后续找到蛋化石，并经该队曾德敏、张金鉴研究鉴定，确认的恐龙蛋化石有3科、4属、6种。

(1)恐龙蛋化石的类型

长形蛋科

长形蛋属：长形蛋未定种 大长形蛋 沅水长形蛋(图11-21)

图11-21 大长形蛋一窝(湖南常德)
(曾德敏等，1986)

巨形蛋属:瑶屯巨形蛋

从状蛋科

从状蛋属:湖南丛状蛋

圆形蛋科

副圆形蛋属:洞庭桃源蛋

(2)保护区与博物馆建设

常–桃盆地恐龙蛋化石古生物遗迹的保护与博物馆建设，目前尚未列入省或市关于自然保护区建设的规划之内,今后有待当地国土、地质部门的努力,制订出切实可行的策划方案,向主管部门申请,把该项事务提上地方政府的议事日程。

11.10 安徽省黄山地区恐龙蛋

黄山地区即屯溪–休宁盆地，位于安徽南部与江西省交界地带，为一山间盆地，呈不规则状北东–南西向分布,面积约 660km^2,盆内沉积包括侏罗纪与白垩纪地层。晚白垩世徽州组上段为一套岩屑砂岩、细砂岩、粉砂质泥岩、厚层砂岩夹泥岩等,厚度大于 371m,产有休宁龙、皖南龙类及足迹化石。1995 年在滑桥、黄土岭发现恐龙蛋化石。安徽东南部小型盆地众多，恐龙蛋化石分布遍及宣南、南陵、贵池、泾县等地。恐龙蛋化石主要产于晚白垩世宣南组内，有 2 科、2 属、3 种，以长形蛋、椭圆形蛋为主。并有较多的双壳类、介形类、腹足类等化石。

(1)恐龙蛋化石类型

椭圆形蛋科

椭圆形蛋属:渭桥椭圆形蛋　黄土岭椭圆形蛋

长形蛋科

长形蛋属:太平湖长形蛋

据鉴定者意见,3 种蛋分别为腔骨龙类、鸭嘴龙类、肿头龙类所产之蛋。

(2)保护区与博物馆建设

安徽宣南、黄山、贵池的恐龙蛋,在 20 世纪 70 年代发现,至今发现地点遍及皖东南地区,而且有恐龙、恐龙足迹化石。对研究皖东南地区白垩纪时的古地理环境及恐龙的古生态学特点、恐龙绝灭、矿产勘查等方面,都有重要意义。故全面有效地保护开发和研究是一项重要的工作,在目前应列入地方政府的经济发展计划之中。充分利用“恐龙”综合资源优势，打造地域旅游品牌新产品,与黄山生态资源和文化历史古迹资源整合,可能是今后振兴地方经济、发展旅游的重要补充和一次机遇。

11.11 河南省淅川盆地恐龙蛋

淅川盆地亦称滔河盆地，位于河南西南部与湖北、陕西两省接壤地带。包括滔河、荆紫关两个凹陷，中间为大石桥西突起所隔，盆地处于秦岭海西褶皱带东端中部，呈北西南东向西窄东宽的狭长形分布，丹江由西向东横贯盆地中央。盆内为一套碎屑沉积，从下至上分为三个岩组，即高沟组、马家村组、寺沟组，时代为晚白垩世。不整合在寒武系或奥陶系之上。岩性主要为砾岩、砂砾岩、粉砂岩、细砂岩、中粒砂岩、粉砂质泥岩等，夹砂质泥灰岩，含钙质结核，产有轮藻、介形类、腹足类、孢粉等化石，总厚在1600m。1974年区域地质研究组在湖北梅铺李家沟（同属淅川盆地）首先发现鸟脚类恐龙骨骼化石。1995年周修高等再至该地采取50余块恐龙骨骼化石，2000年湖北地矿局进行发掘后，装架复原定名为八颗龙、湖北郧县龙、梅铺龙等恐龙化石。恐龙蛋化石系原河南省地质局12队以周世全为组长的区域地质研究组于1974年7月在淅川滔河马家村菠萝山根发现的，这是河南地质工作历史上的首次发现，目前有含蛋层9层。

恐龙蛋化石经赵资奎和赵宏鉴定，主要种类有4科、6属、9种。

(1)恐龙蛋化石类型

长形蛋科

长形蛋属：安氏长形蛋相似种　长形长形蛋相似种　长形蛋未定种

南雄蛋属：主田南雄蛋

椭圆形蛋科

椭圆形蛋属：金刚口椭圆形蛋

金刚口椭圆形蛋相似种

圆形蛋科

副圆形蛋属：二连副圆形蛋

树枝蛋科

扁圆蛋属：滔河扁圆蛋（图11-22）

树枝蛋属：淅川树枝蛋

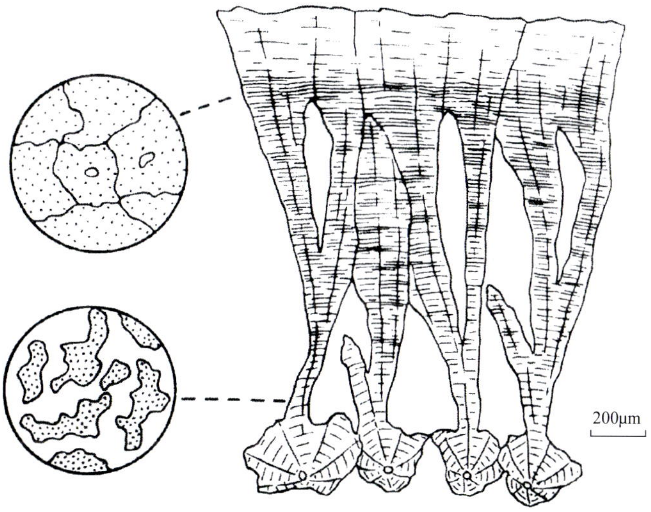

图11-22　滔河扁圆蛋径切面素描（河南淅川）
（赵宏等，1998）

(2)保护区与博物馆建设

淅川盆地恐龙蛋化石是河南省恐龙蛋化石的首发地，1974年7月，河南省地质局12队区域地质研究组，在河南淅川滔河乡马家村菠萝山根发现。经周世全等研究，定名为“滔河圆形蛋”，并以《我省首次发现恐龙蛋化石》为题，撰文发表在《河南地质科技情报》1974年第2期上。之后我国恐龙蛋专家赵资奎在1979年修订为“滔河扁圆蛋”，并冠以拉丁文名称，这是我省科学意义上的首次发现，也是区域地质研究组全体人员为找盐找碱所作的重要贡献，从此揭开了河南省恐龙蛋化石广泛深入研究的序幕。淅川盆地恐龙蛋化石古生物遗迹早在2000年被列为省级保护区。2003年与西峡盆地一同列入国家级自然保护区，成为“河南省南阳恐龙蛋化石群国家级自然保护区”的一部分。保护范围包括淅川滔河、老城镇和荆紫关等地，保护级别滔河列为核心保护区，其他为缓冲区、实验区。在滔河核心保护区的始发地，树立了“白垩纪之光”的纪念碑，以示永久的纪念。目前，淅川盆地的恐龙蛋化石，尚未建设专门的博物馆，只有少量恐龙蛋陈列在淅川县博物馆内，与其他文物资料一同展出，对外开放供参观者欣赏。

11.12 江西省吉–泰盆地恐龙蛋

吉–泰盆地位于江西省吉安、泰和一带，北东南西向展布，为江西省的第二大盆地。盆地主要受构造控制，具有多物源、物源近、相变快、空间上相分异明显的特点，盆地红层形成于干旱、半干旱的古气候环境中。岩性主要有砖红或紫红色砾岩、砂砾岩、含砾砂岩、粗砂岩、砂岩、粉砂岩、钙质粉砂岩、泥岩、泥灰岩等一套陆源碎屑沉积。该套沉积称为灌溪群，时代属晚白垩世，产较多的介形类化石。吉–泰盆地的恐龙蛋化石，据不完全统计，有2科、3属、4种。

(1)恐龙蛋化石的类型

长形蛋科

长形蛋属：长形长形蛋 长形蛋相似种

巨形蛋属：巨形蛋未定种

圆形蛋科

副圆形蛋属：副圆形蛋未定种

(2)保护区与博物馆建设

吉–泰盆地的恐龙蛋化石保护区和博物馆建设工作尚未列入江西省和吉安、泰和两市的自然保护区规划之内。随着时间的推移，经济发展与地球和谐共存观念的日益深入，我们相信，江西省境内上饶、信丰、德安、池江、萍乡等地的恐龙蛋化石产地，在可预期的时间内，将会加以重视和建立一定级别的自然保护区。

另外，浙江的天台盆地、新疆的吐鲁番盆地、内蒙古的巴音满都呼等地，都是恐龙蛋分布较多的地区，并有独特类型或者世界上少见的恐龙蛋类型存在，如天台盆地的长约 40cm 的长圆柱蛋和巴音满都呼棱柱形蛋等。这些产地同样具有十分明显的重要性，由于研究程度和资料的缺少，而不能在这里作详细介绍，只有待后再作补充。

12 恐龙蛋、恐龙博物馆一览

中国恐龙蛋化石在80多年的历史中，目前已在17个省（区）内发现，而恐龙化石经过近100年，特别是改革开放的近30年中，除台湾、福建两省外，我国其他省区都有一定数量的产出，积累了大量的化石标本。我国的博物馆事业发展非常迅速，目前各类博物馆已达2000个，而且新型、新款的展馆层出不穷。博物馆是科学知识的金库，陶冶情操的家园，愉悦心情的场所，是保护珍贵资源的仓库，推动地方经济发展的重要补充。集教育、研究、保护、陶冶情操、发展经济于一体，无论青春靓丽的年轻人，白发苍苍的老者，一脸稚气的少年，这里都是我们应该去的一个美丽的世界。现我们选择国内陈列有恐龙蛋、恐龙化石的一些主要博物馆的名单，列出如下，以方便参观考察恐龙蛋、恐龙化石的朋友们，让人们一饱恐龙蛋、恐龙世界的眼福。

1）北京自然历史博物馆

展馆：恐龙蛋、恐龙足印化石，恐龙有马门溪龙、青岛龙、鹦鹉嘴龙、永川龙等，以及其他古生物化石标本，馆藏标本2万件以上。

地址：北京市天桥北京自然历史博物馆（图12-1）。

2）中国地质博物馆

展馆：恐龙蛋，恐龙有山东龙、云南龙，鸟类有孔子鸟、中华龙鸟及其他大量古生物化石标本等，馆藏标本10万多件，是我国成立最早和亚洲最大的综合性地学博物馆（图12-2）。

地址：北京市西四羊肉胡同。

图12-1 北京自然历史博物馆
（张和等，2007）

图12-2 中国地质博物馆
（张和等，2007）

3）中国科学院古脊椎动物与人类研究所古动物馆

展馆：恐龙蛋、恐龙足印化石，恐龙有青岛龙、合川马门溪龙、巧龙、许氏禄丰龙、鹦鹉嘴龙、昆明龙、单脊龙、原角龙、中华盗龙、古似鸟龙、原巴克龙、多棘沱江龙、中国鸟龙等。

地址：北京市西直门外大街。

4）中国地质大学逸夫博物馆

展馆：恐龙蛋、恐龙、鱼龙、海百合化石及其他多类古生物化石、矿物、岩石标本等，展馆面积 $5000m^2$ 以上，馆藏标本3万多件（图12-3）。

地址：武汉市洪山区鲁磨路388号。

5）上海自然博物馆

展馆：恐龙蛋，恐龙有青岛龙、合川马门溪龙、鹦鹉嘴龙、甲龙及其他古生物化石标本等。

地址：上海市延安东路260号。

6）重庆自然博物馆

展馆：恐龙蛋、恐龙足印化石，恐龙有多棘沱江龙、上游永川龙、李氏蜀龙、峨嵋龙、太白华阳龙等及其他古生物化石标本等。

地址：重庆市枇杷山公园。

7）内蒙古自治区博物馆

展馆：恐龙蛋、恐龙足印化石，恐龙有巴克龙、原角龙、古似鸟龙、查干诺尔龙、宁夏绘龙等及其他古生物化石、矿物、岩石标本等。

地址：内蒙古自治区呼和浩特市呼伦南路147号。

图12-3 中国地质大学（武汉）逸夫博物馆
（张和等，2007）

8）成都理工大学地质陈列馆

展馆：恐龙蛋，恐龙有合川马门溪龙、盐都龙、峨嵋龙等及其他古生物化石、岩石、矿物标本等。

地址：四川省成都市二仙桥东三路 1 号。

9）中国地质科学院地质陈列馆

展馆：恐龙蛋及其他古生物化石标本、岩石、矿物标本等。

地址：北京市百万庄 26 号。

10）桂林工学院地质陈列馆

展馆：恐龙蛋及南丹铁陨石，各种矿物、岩石、古生物化石标本等。

地址：广西桂林市建干路 12 号。

11）天津自然博物馆

展馆：恐龙蛋，恐龙有云南龙、峨嵋龙及其他古生物化石、矿物、岩石标本等，馆藏各类标本 38 万件，主体建筑面积 12 000m^2(图 12-4)。

地址：天津市马场道。

12）内蒙古二连恐龙博物馆

展馆：恐龙蛋，恐龙有巴克龙和查干诺尔龙，出土有古似鸟龙、角龙、甲龙等 10 余种(图 12-5)，及其他古海洋动物化石、哺乳动物化石等。二连是亚洲最早发现恐龙化石的产地之一。

地址：内蒙古二连浩特市。

图12-4 天津自然博物馆(张和等，2007)

图12-5 内蒙古二连恐龙博物馆(张和等，2007)

13）中国西峡恐龙蛋化石博物馆

展馆：恐龙蛋600多枚，特大型长圆柱蛋两窝，恐龙有诸葛南阳龙及各种恐龙造型，原地隧道内恐龙蛋约400枚，隧道总长360米，展馆面积4800m²。馆藏各类标本约4000件（图12-6）。

地址：河南省南阳市西峡县丹水镇。

14）山东诸城恐龙博物馆

展馆：恐龙蛋化石；恐龙有巨形山东龙等。展馆面积5400m²（图12-7）。

地址：山东省诸城市西北恐龙公园。

15）河南省地质博物馆

展馆：恐龙蛋化石，恐龙及各类古生物化石、矿物、岩石标本。展出标本1000多件。建筑面积5800m²，分5个展厅，馆藏标本5万多件。

地址：河南省郑州市郑东新区18号。

16）湖北省地质博物馆

展馆：恐龙蛋化石，恐龙有梅铺龙、湖北郧县龙及其他古生物化石、矿物、岩石标本等。

地址：武汉市解放大道342号。

17）广东省地质博物馆

展馆：恐龙蛋化石及岩石、矿物、古生物化石标本等。

地址：广州市东风东路739号。

18）吉林大学地质陈列馆

展馆：恐龙蛋化石，恐龙有黑龙江满洲龙及其他古生物化石、矿物、岩石标本等。

地址：吉林省长春市西民主大街6号。

图12-6 中国西峡恐龙蛋化石博物馆（周世全摄，2007）

图12-7 山东诸城恐龙博物馆（张和等，2007）

19）江苏常州中华恐龙园

展馆：恐龙蛋化石及各种大型恐龙造型；还有中华龙鸟、原始祖鸟、尾羽鸟、山东龙、云南龙等，以及大型恐龙娱乐场所。

地址：江苏省常州市。

20）南京地质博物馆

展馆：恐龙蛋，禄丰龙及各类古生物化石、矿物、岩石、宝石标本共6000多件。馆藏标本20 000余件，分设新馆和旧馆，包括地学摇篮、中国石文化、矿产资源、地质环境、行星地球、生命演化、恐龙王国7个展厅(图12-8)。

地址：南京市珠江路700号。

21）大连自然博物馆

该馆为联合国科教文组织注册的大型自然历史博物馆，始建于1907年，馆藏包括动物、植物、古生物、岩石、矿石、人类等标本约20万件，以及各类文物、档案等资料。展出"热河生物群"化石标本、恐龙、恐龙蛋、植物、动物等各类标本。库房为新式密集架，藏品管理信息系统为计算机化管理(图12-9)。

地址：辽宁大连市。

22）黑龙江省地质博物馆

展馆：展馆面积2211m^2，分7个展厅，藏品5万多件，展出3000多种，恐龙蛋、黑龙江满洲龙及各类矿物、岩石、古生物化石标本等。

地址：哈尔滨市中山路65号。

图12-8 南京地质博物馆（南京地质博物馆，1992）

图12-9 大连自然博物馆（张和等，2007）

23）深圳古生物博物馆

展馆：恐龙蛋化石200多枚，恐龙有天府峨嵋龙、马门溪龙、新疆恐龙化石及澄江动物群化石、北票鸟化石、硅化木化石、古果化石等古生物化石。展馆面积2000m²以上，分三个展馆，馆藏标本10 000余件（图12-10）。

地址：广东深圳市仙湖植物园内。

24）南京地质古生物研究所陈列馆

展馆：恐龙蛋化石及各类古生物化石标本等。

地址：南京市北京东路39号。

25）宜昌地质矿产研究所地质陈列馆

展馆：恐龙蛋化石、江汉鱼、震旦角石及其他古生物化石、矿物、岩石标本等。

地址：湖北省宜昌市港窑路37号。

26）南阳师范学院恐龙蛋化石博物馆

展馆：展出各类恐龙蛋近300件，包括树枝蛋、副圆形蛋、杨氏蛋、椭圆形蛋、瑶屯巨形蛋及龟鳖蛋等。其中有一枚长约60cm的长圆柱蛋，为镇馆之宝。该馆为我国第二个专门的恐龙蛋化石博物馆，并与中国独山玉博物馆和谐结合在一块，展馆面积约400m²，馆藏标本约500件（图12-11）。

地址：河南省南阳市卧龙路南阳师范学院实验楼。

27）湖南省地质博物馆

展馆：芙蓉龙、恐龙蛋、恐龙足印及其他古生物、岩石、矿物、观赏石等标本。

地址：湖南省长沙市芙蓉中路。

图12-10　深圳古生物博物馆（张和等，2007）

图12-11　南阳师范学院恐龙蛋化石博物馆（岳紫龙摄，2008）

后记

在2005年9月，我们著述的《中国南阳恐龙蛋》一书由中国地质大学出版社出版发行，这是我们30年来为之付出的劳动、汗水和艰辛的结果。然而，我们不但没有感到轻松，而且在长夜中冥思苦想，困惑与向往一直伴随我们，我本人（周世全）作为一个几乎终生从事地质矿产勘查和地层与恐龙蛋化石研究，年过古稀的科学工作者来讲，在我们置身于无边的科学和书海之中时，常有一种悲哀的感觉，深悟“人生苦短、学海无边”的惆怅。我们总想以微薄之力，皓首穷经，为社会做点什么，尽一点做人的责任和义务。从2005年秋末，我们酝酿筹划再写一本关于恐龙蛋的科普读物，以实现我们对众多朋友和广大地学爱好者的承诺，把他们的希望变成现实，这决不是事急就章。纯科学性的论文、著作，难以使广大群众和地学爱好者关注，而望而却步。科学只有在自由、开放和普及的气氛中，引起社会共鸣，才能促进科学的发展与繁荣。一本书既要有思想性、科学性，又要有可读性和趣味性，使人看了爱不释手，产生强烈的社会效果，这就达到成功的目的。我国太缺乏这样的地学科普著作了，尽管我国科普事业在改革开放后，有了很大的发展，近些年出版的科普读物像鲜艳之花，绽放在中华大地上，然而与我国在世界上和地球科学技术史上的地位，及我国实际状况与已取得的成就还是不适应的。但我们相信，我国从事地质、古生物科学的研究人员和地质工作者，有100万之众，并有国际上著名的地学、古生物学研究机构，有一个改革开放、崇尚科学的伟大祖国和波澜壮阔的时代，地质古生物科学的普及，必定会呈现出一个生机勃勃的灿烂的局面。

在近4年的时间内，搜集资料于内外，著书集益在斗室，苦心孤诣的思考，艰辛与惶恐跟着走过春夏秋冬，我们始终没有烦恼，也不后悔，更无所懈怠，知难而进，此情此景难以忘怀。本书是以我国丰富广泛分布的恐龙蛋化石和众多科学家、研究者在相关领域多学科中取得的大量、富有开创性的成果的基础上完成的。正是他们的这种奋斗精神，严谨治学的风范，而光照着我们孜孜不倦的学习，积极努力的攀登，从而使我们少走弯路，少犯错误，指迷种种。对此，我们不会忘记众多学者、科技人员在我国恐龙蛋、恐龙科学研究中作出的创造性贡献，更不会高自标置，将他人的劳动成果改头换面，抄袭成文或专著出版，并高卧不窥石镜，这些是我国社会和科学向前发展所不需要的。当然，我们也知道，幻想依托某个人物的“公平、公正”或贴上“专家”的标签，就能使自己在学术界出名的，那结果只能是随风而逝的海市蜃楼。科学是圣洁的，不是一言堂，有志于献身科学的人，谁都可以攀登、参与其中，只要他在大自然的词典中，找出特点，揭示秘密，抽象出规律，为人类服务，他就无愧于伟大的时代。我们深知，在科学的征途中，妒忌是一种懦弱和心理残缺的表现，是人类古老的一种感情和心里定势，是一种阻力，对科学事业的发展有百害而无一益。实事求是，艰苦奋斗，就能前进创新，尊重他人就是尊重自己，宽容别人，可使自己心怀宽广，虚心待人，不要学阀，更能集思广益，这些都是中华民族几千年来做人的一种美德，也是当前我国广大科技工作者，要想不徒虚名，有所建树和成就一番事业，所必须要具备的道德和品质，更是我国构建和谐社会重要的思想基础之一。

现在这本《走近恐龙蛋世界》一书，终于完成，即将付印、出版、发行。此时，我们才有轻松和如释重负的感觉。对于科普性的文体，我们接触不多，主要是写规范性的地质报告和科学论文，它与通俗性的读物显然有很大的不同，这使我们深感不安，有似如履薄冰。但作为一种尝试，意在引起共鸣和接受不同意见，甚至激动的批判，这样既是尊重科学发展的规律，推动科学前进，又满足我们追求知识的渴望，有所进步。如果此目的能达到，作者将会感到十分的高兴和愉快，我们期待着这一天的到来。

作　者

2008 年 7 月 23 日

主要参考文献

周世全，赵树林，朱广彬等.中国南阳恐龙蛋[M].武汉：中国地质大学出版社，2005.

周世全，冯祖杰，王德有.河南西峡盆地恐龙蛋化石及略论恐龙绝灭问题[J].岩相与古地理，1998，18(5)：57～63.

周世全，罗铭玖，王德有等.河南省恐龙蛋类型及古生态特征[J].河南地质，1996，14(3)：186～194.

赵资奎，叶捷，李华梅等.广东南雄盆地白垩系—第三系交界恐龙绝灭问题[J].古脊椎动物学报，1991，29(1)：1～20.

赵资奎.我国恐龙蛋化石研究的进展.见：中国科学院古脊椎动物与古人类研究所，中国科学院南京地质古生物研究所编辑.华南中新生代红层—广东南雄“华南白垩纪—早第三纪红层现场会议”论文选集.北京：科学出版社，1979.

赵资奎.广东南雄恐龙蛋化石的显微结构(一)——兼论恐龙蛋化石的分类问题[J].古脊椎动物与古人类，1975，13(2)：105～117.

殷鸿福，徐道一，吴瑞棠.地质演化灾变观[M].武汉：中国地质大学出版社，1988.

董枝明.走进恐龙世界[M].北京：知识出版社，2000.

阎元中，郭克毅.珍宝异石——化石篇[M].北京：农村读物出版社，2006.

张和.中国化石[M].武汉：中国地质大学出版社，2007.

宋林，韩威.大学生物基础[M].北京：中国人民大学出版社，2002.

李占扬.白垩纪之光——西峡恐龙蛋考察漫记[M].北京：中华书局出版社，2000.

杨锺健.广东南雄、始兴、江西赣州的蛋化石[J].古脊椎动物与古人类，1965，9(2)：141～159.

舒勤荣.美石大观[M].武汉：中国地质大学出版社，2007.

徐桂荣，王永标，龚淑云，等.生物与环境的协同进化.武汉：中国地质大学出版社，2005，130～256.

附录一　相关地质名词解释

（1）古生物和古生物学：古生物总指地质历史时期中曾经生活于地球上的生物，一般将更新世以前的生物称为古生物。古生物学则是研究地史时期的生物和进化的科学，即根据保存在地层中的化石，研究地史时期生物的形态、结构、分类、分布与进化的关系等。古生物学对解释生物界的发展历史，确定地层的年代，推断古地理环境，研究地壳的演变规律、普查勘探各种沉积矿产，都具有十分重要的意义。古生物学可分为古动物学与古植物学。

（2）生物地层学：是地层学的一个重要分支学科，它运用生物进化的不可逆性和阶段性来研究地层的学科。古生物地层学主要是研究地层中的化石记录，并根据地层中所含化石的特点，将岩层划分成若干地层单元，确定地层的相对地质时代。

（3）化石：在自然作用下保存在地层中的地史时期的生物遗体、遗迹等统称为"化石"，化石保存的类型很多，有实体化石、遗迹化石、模铸化石及近年来的化学化石等。

（4）实体化石：泛指由生物遗体本身保存而成的化石。一般多指生物的硬体部分，如珊瑚的骨骼、软体动物的壳、脊椎动物的骨骼、牙齿等。

（5）遗迹化石：又称痕迹化石，指由地史时期中的动物在其生活过程中所遗留的痕迹和遗物保存而成的化石，前者如足迹、移迹、潜穴、钻孔等，后者如粪化石、蛋化石、胃石及原始人类的工具等。遗迹化石对于岩相分析和古生态研究作用非常重要，还可用于确定地层的年代及其顶、底界面等。

（6）模铸化石：是古代生物遗体留于围岩或部分填充物表面上的印模（外模、内模）以及生物遗体溶蚀后所留空隙的泥砂充填物等保存而成的化石。

（7）大化石：指一般不需利用显微镜即可进行鉴定研究的化石，如腕足类、头足类，三叶虫及植物的根、茎、叶等。

（8）微体化石：又称微化石，一般指需要利用显微镜进行鉴定和研究的微小化石。微化石包括微小生物的整个遗体，如有孔虫、苔藓虫、介形虫等及一些大生物体的幼年类型部分，如牙形刺、虫牙、轮藻、孢子、花粉等。

（9）超微化石：指需要在电子显微镜下方可进行鉴定和研究的极微小的化石的总称，超微化石大部分是钙质的，也有硅质、有机质的。目前一般认为仅限于 10μm 以下或 25 ～ 30μm 以下的微体化石。如前寒武纪的细菌和蓝藻等。

（10）化学化石：指保存在地层中的由古代生物体分解而形成的各种有机物质。在古老地层中由于生物体本身的特点及保存条件不利，生物遗体极难保存，但组成生物体的蛋白质分解后所形成的各种有机成分被保存下来，如各种氨基酸等。

(11) 脊椎动物及古脊椎动物：是动物界中最高等的一类，组成脊索动物门中的脊椎动物亚门。体内有脊椎骨组成的脊柱及神经系统、心脏等，体形左右对称，分头、躯干和尾三部分。如爬行类、两栖类、哺乳类等动物。古脊椎动物则是泛指地质历史时期中曾经生活在地球上的脊椎动物。

(12) 地质遗迹：系指地球在漫长演化的地质历史时期，由地球内力地质作用的构造、岩浆、地热等和外力作用的沉积、物理、化学风化、气候等因素综合作用下，形成、发展并遗留下来的具有科学和文化价值的自然景观和自然环境元素，称为地质遗迹。其是一种独特的自然资源，大自然赠给人类的宝贵财富，具有珍稀性、不可再生性、不可移动性和科学、科普、旅游、美学、生态和文化价值。主要类型有地质事件地点、地质历史演化地层剖面、生物进化典型化石产地、冰川、火山、地震等留下的地质景观体和典型地貌等。它既是重要的资源，又是优美自然环境的重要组成部分。

(13) 地质作用：在地球的悠久历史中，组成地壳和地球的物质，永远处于不断的重新组合和转移空间的过程中，因而使地表形态和内部构造不断地改造和演变，引起这种改变、改造和变形、发展的作用，统称地质作用。

(14) 陆相地层：陆相是在大陆环境中沉积的沉积物、岩石或岩层，按自然环境可分为残积相、坡积相、洪积相、湖泊相、沼泽相、沙漠相等。地层是指具有一定层位的一层或一组岩石，地层包括固结的沉积物和未固结的堆积物。陆相地层则是在大陆环境中形成的有一定层位的岩层或一组岩石。

(15) 无脊椎动物：无脊椎动物体内没有由脊椎骨所组成的脊柱，神经系统在身体腹侧，心脏在背侧。它包括原生动物、海绵动物、腔肠动物、腕足动物等。

(16) 植物印模化石：植物保留于化石围岩上的外表特征及表面纹饰的印痕或印模。

(17) 龙骨：我国对脊椎动物的骨骼化石和牙齿化石的俗称。"龙骨"一词在成书于春秋战国时代的《山海经》中即有记述，并被用作中药，具有镇惊、固涩的作用。

(18) 古地理环境：泛指地质时代地球表面某一区域的自然条件和情况及相应关系，包括古地形、古气候、古海洋、古地貌等自然要素，即构成环境的基本单元。

(19) 古气候：指过去地质时代某一定时间阶段的气候，又称地质气候或地史气候。包括天气、温度、湿度、雷、电、雨、风等各项气候要素。

(20) 地层年代：指地层的相对时间关系和年龄大小，按年代从老到新的关系，将地层划分为若干地层单位，以确定地层的时间关系和地层单位等级系列中的级别和相对大小。

(21) 洪流作用和洪泛平原沉积：在干燥、半干燥气候地区，平时山谷河道中无水，雨季山洪暴发，山谷中河水陡涨，形成洪流，于是携带大量碎屑物质向下，至山口外，地形变缓，河道变宽，水流搬运作用减弱，洪水漫岸，被洪水所复盖的一片平的或近于平坦的地带，沉积一些较细的沉积物，称为洪泛平原沉积。

(22) 石化作用：是化石形成过程中的一种地质作用。埋藏于沉积物中的生物遗体的硬体骨骼部分，被溶于地下水中的矿物质填充或交代置换而变成石质，原物的结构、构造仍然保存，这种作用称为"石化"或"石化作用"。石化大致分为三种：①通过矿化作用生物硬体的空隙为地下水所含的矿物质填充;②变代作用生物硬体的原来成分为地下水所含矿物质变代,交代物质有氧化硅、碳酸钙、黄铁矿等,简称硅化、钙化、黄铁矿化等;③升馏作用具几丁质外壳的动物如笔石等及植物遗体中所含的不稳定成分挥发逸失,仅留下碳质薄膜保存为化石,此种作用也称“碳化”。

(23) 地质构造:地球上某个地区或区域由于地壳运动及各种地质作用,如褶皱、断裂、岩浆侵入、火山爆发、冰川、风化等,使该区地壳物质产生变形、变位,岩层或岩体形成不同的分布排列形式,改变彼此之间的相对位置等称为地质构造。地质构造可分为大地构造、区域构造、小构造等类型。

(24) 构造挤压、拉伸:构造挤压主要由于许多压性构造组成的窄长条状构造,带内岩石部分被扰乱和压碎,也可出现片理带,构造透镜体、糜棱岩带,此种为构造挤压。拉伸是具有明显引张特征拉裂的破裂或裂隙,系垂直于主应力的拉张力形成的。

(25) 构造运动:又称构造化作用。指组成地壳岩石、地层等物质,由于地壳运动,使其产生变形、变位及其不同的相互关系,称为构造运动,为造山运动、地壳变动、地壳运动等构造学术语的概括性同义语。

(26) 风化侵蚀作用:地壳表面的岩石、地层,在空气、水、温度和生物等长期的联合作用下发生分解和崩解,从而使自然界中的矿物和岩石、地层发生了质和量的复杂变化,这种永无止境和变化万端的地质作用,称为风化侵蚀作用。风化作用包括物理风化作用(温度变化、岩石孔隙水的冰冻、雷劈、矿物的水化和结晶的膨胀等),化学风化作用(溶解、高岭土化、氧化、还原、水化等),以及生物风化作用等。

(27) 结核:指沉积岩中与围岩成分有明显区别或相似的球状、卵状及各种不规则状的某种物质团块。内部构造样式不同,有圈层状(同心圆状)、放射状等。大小不一,自几毫米至几米,结核有单体和复体两种,在岩层中顺层分布或穿层分布排列。如钙质结核、菱铁矿结核等。

(28) 沉积物:在陆地或盆地中沉积的一种松散物质,如砾石、砂、粘土、有机质等,成层的松散沉积物经过固结而形成沉积岩。沉积物的主要来源是母岩风化的产物。其次有火山喷发物、有机质及宇宙物质等。

(29) 火山弹:火山喷发的碎屑物质之一,喷发作用被抛到空中的塑性熔浆或部分熔融的岩屑,在空中飞行旋转冷凝下落地表后形成的。形状多样,有纺锤状、椭球状、梨形、麻花状等,有的具有圈层构造,大小不一,常分布于火山口附近。

(30) 盆地:属于地貌的一种类型,指陆地上四周被山或高地围绕的周围高、中间低的盆状平原,其大小不一。盆地可分为构造和侵蚀盆地两种。构造盆地主要是内动力地质作用的产物。在地质上,是借用“盆地”一词,并赋予一定地质内容。如断裂形成的断陷盆地、拉分盆地及地壳拉伸形成的盆地等。

(31) 显微结构:又称微细构造。显微结构是指蛋壳的微细结构或构造,在肉眼无法分辨的状况下,使用显微镜研究鉴定蛋壳的矿物成分、结晶程度、颗粒大小、形态、晶粒之间的相互关系,以及蛋壳的锥体层、柱状层、气孔道等的形态和样式等。

（32）古生态：在地史的某一个时期，生物与环境、生物与生物之间的相互关系，即协同关系，生物不仅单纯地适应环境，而且要改造环境，维护环境使之适合自身的生存。根据化石与地层的特点和相互关系，可以阐明当时生物、沉积岩石、古地理、古气候等方面的环境要素，对研究古生物分类、地层划分、沉积矿床的形成、分布规律及找矿等，都有十分重要的意义。

（33）双名法：国际上通用的生物命名方法，指生物的某一个的学名必须有一个属名和一个种名共同组成生物的命名系统。双名法的写法是属名在前（第一个字母大写），种名在后（第一个字母小写），并用斜体字书写。学名字源出于拉丁文，其含义是代表生物的特征或为人名、地名等。

（34）地层划分：地层是指具有一定层位的一层或一组岩石。它可以是固结的岩石，也可以是没有固结的堆积物。一般是指成层的岩石和堆积物，包括沉积岩、火山岩、变质岩等。根据岩性、层位、特性和所含化石等特征，把地层分成不同的单位，在时间上接近，层位相同，以便地层对比，指导找矿等诸多方面，称为地层划分。

（35）微量元素：又称微迹元素，目前缺乏严格的定义，一般指在地壳或地球内各种岩石、矿物、地层等地质体中，呈微小含量或只有痕量（通常重量小于 0.1%）的元素，称微量或微迹元素。它在自然界的物质体系中的浓度极低，往往不形成单独矿物。

（36）稳定同位素：同位素指原子核内质子数目相同（即核电荷相同），而中子数目不同的原子。稳定同位素则是指在世界上目前检测技术水平来说，尚未发现能自行衰变的同位素，如碳（^{12}C、^{13}C）、氧（^{16}O、^{18}O）等。目前自然界中有近 300 种稳定同位素。

（37）变异：指同一物种内个体之间形态和生物特征的差异。生活在自然界的生物普遍具有个体差异，产生这些差异的原因是环境和遗传造成的，变异分为一定变异和不定变异，前者指在相似条件下同一种群的生物发生相似的变异，后者则指同一种群的生物在同一条件下发生不同的变异。遗传变异是生物进化的内因。

（38）红层：又称红色地层。指在大陆环境下形成的陆相红色沉积岩，主要以砂岩、泥岩、砾岩等组成，有时夹泥灰岩等。红色为沉积物中含高价氧化铁之故，我国的红层一般是指中生代至古近纪的陆相地层。

（39）放射性碳（^{14}C）法：又称碳－14 法，同位素地质年龄测定方法之一。高空大气中的部分碳原子，在宇宙射线作用下变为放射性碳。由于生物不断从空气中吸收二氧化碳，动物又以植物为食物，所以，一切生物都含有放射性碳。生物死亡后，吸收放射性碳的过程即自然终止，而体内原有的放射性碳会稳定衰变，其衰变速度约为 5760 年降低一半。根据这一规律，就可测定古代生物体内或其他有机物的年代。目前放射性碳法能准确测定 5 万年以内的生物遗迹的年龄，样品常为木炭、泥炭、木材、贝壳、骨骼及某些沉积碳酸盐等。

（40）古地磁：地史时期的地磁。以岩石的剩余磁化强度和磁化率特征与变化作为基础。它可指示其生成时期的磁极方向。火成岩中有磁性的矿物的磁性为热剩磁，沉积岩中有磁性的物质的磁性为沉积剩磁。利用古地磁了解地球上岩石的磁学特征，来进行新近纪、第四纪的地层划分与对比及时代的确定等。

(41) 标准化石:指在地层中具备分布时代短、特征显著、数量众多、地理分布广泛等条件的,据此可以正确判定地层年代的化石。但是,标准化石的标准性是相对的、可变的,它主要决定于所研究地层的分布范围的大小和化石数量、特征等的研究程度。

(42) 变质作用:地壳中原来的岩石、地层,由于受到构造运动、岩浆活动及地壳内热流变化等动力的影响,使其中的矿物成分、结构和构造,局部化学成分等,发生不同程度的改造、变化、变形等,这些变化总的称为变质作用。

(43) 洪泛事件:事件指突然发生和突然变化性质的一种事态。在干燥、半干燥气候地区,基岩广泛风化的产物,由于山区的间歇性山洪暴发,形成洪流作用,而携带大量泥沙、砾石等在山谷出口处的平原地带沉积,称为“洪泛事件”。

(44) 钾–氩法:根据岩石、矿物中钾–40 经 K 层电子捕获形成稳定同位素氩–40 的衰变规律建立的地质年龄测定方法,通过年龄计算公式获得数据。适用于该法年龄测定的样品,主要矿物有云母、角闪石、长石等及岩石玄武岩、安山岩、流汶岩等。

(45) 铀–铅法:铀–钍–铅法的简称。通过测定矿物或岩石中的铀、钍、铅的同位素含量,根据放射性衰变定律来计算地质体年龄的方法。常用测试的矿物有晶质铀矿、沥青铀矿、锆石、独居石等。

(46) 组:又称岩组,属于地方性岩石地层单位。指适用于一定范围内的地层岩石单位。主要依据岩性、岩相特征而划分的地层单位,它反映某一地区的地层环境特点。主要岩石地层单位包括群、组、段和层、杂岩等。如坪岭组、南雄组、王氏组、高沟组、马家村组等。

(47) 生态平衡:又称“自然平衡”。大自然中的动物、植物、微生物等与阳光、水、土壤、空气、温度等非生命物质组成一个整体,每个成分都不是孤立的,彼此之间通过相互作用达到一个相对稳定均衡状态,维持环境的相对稳定局面。如果其中某一成分剧烈地发生改变、变化,即可出现一系列连锁反映,使生态不平衡,环境遭到破坏。

(48) 大陆构造或大地构造:指大范围内或全球范围内的地壳运动的作用力及其所产生的地壳变形构造和形态。

(49) 大地构造单元:又称地壳基本构造单元。系指地壳大型构造的基本单位,是根据地壳运动和地壳构造的基本特征而划分的各种类型的大地构造区域。由于科学家对地壳运动、地壳构造基本特征认识的不同,而划分出来的基本大地构造单元的大小、名称和实质内容等,却是不同的。如地台、板块、地槽等单元。

(50) 板块构造:根据海底的扩张与分裂、板块活动及彼此的相互影响、相互作用,而产生各种地质构造,如转换断层、裂谷、海沟等,这些构造称为板块构造。1968 年,法国地质学家勒比雄在海底扩张学说的基础上,把整个地球岩石圈划分为欧亚板块、美洲版块、非洲板块、古太平洋板块(海洋岩石圈板块)、印度-澳大利亚板块、南极洲板块。这样海底扩张说便发展为板块构造假说。是一种新的全球构造假说。

（51）莫霍面：又称莫霍洛维奇不连续面。为地壳和上地幔的界面，其界面是按照地震波速度的不同来划分的，该界面是不平的，在大陆深度平均为35km，在大洋底只有5km，在高山区为65km。

（52）康拉德面：上地幔与下地幔的分界面，由地壳底部至900km深处，界面岩石是不平整划一的。

（53）古登堡面：为下地幔与地球外核的分界面，在地面以下2900km，又称古登堡–魏彻特间断面。

（54）绝对年龄：指以"年"为单位表示的岩石、矿物、地层、化石与地质事件等的年龄，又称同位素年龄。目前，两名称在我国均可使用。其次，根据树木的年轮，纹理等测定的年龄也叫做绝对年龄。

（55）铷–锶法：是同位素测年方法的一种。根据岩石、矿物中铷–87经B–衰变产生锶–87的衰变定律测定地质年龄的一种方法。试样除常用的云母、长石类矿物外，绝大部分的酸性、中性、基性岩浆岩及变质岩的全岩与含钾矿物都可用此法测定年龄。

（56）大冰期：在地质发展的整个历史中，地球上的气候曾有大幅度的冷热变化。当气候趋向寒冷，在两极和高纬度地带，以及中纬度区的高原和山地广泛地发育冰盖或山岳冰川，这样的地质时期叫大冰期。地史上至少有三次大冰期，即震旦纪、晚古生代和第四纪三次大冰期。

（57）泛大陆：又称联合大陆，盘古大陆，一个假想的原始超级大陆。由德国的气象学家魏格纳于1912年提出。泛大陆约占地球表面积的一半，周围被原始大洋称为泛大洋的围绕着。三叠纪时泛大陆开始解体，形成北边的劳亚大陆，南边的冈瓦纳大陆，中间形成大西洋，后演化成现代的各个大陆。

（58）大陆漂移说：又称大地漂移说或地壳漂移说。该假设是德国气象学家魏格纳总结前人有关大陆漂移概念的基础上于1915年发表的《海洋和陆地的起源》的一书中，提出的一种大地构造学说。他认为古生代时只有一个庞大的陆地–泛大陆，至中生代时期开始分裂漂移，逐渐达到现今的位置。其根据主要是大洋两岸（特别是大西洋两岸）的海岸线形状、地层、构造、岩相、古生物群、古气候、地球物理等具有相似性和连续性，在澳洲、印度、非洲、南美洲广泛分布的晚古生代羊齿植物群以及这些地区发生的一次大冰期等。并认为美洲西岸的经向山脉，是由于美洲大陆向西移动时受硅镁层抵抗而挤压褶皱起来的，阿尔卑斯–喜马拉雅纬向山脉是由于离极运动形成的。各大陆东边的岛弧是大陆向西漂移时，粘附于硅镁层之上的一些大陆碎片脱离大陆的结果。

（59）海底扩张说：20世纪60年代赫斯和迪茨等提出的关于海底地壳生长和运动扩张的学说。认为海底的洋中脊和世界裂谷系统是地幔对流物质的出口，地幔中的物质处于不断的运动中，较轻的物质缓慢上升，较重的物质缓慢下降，产生新的海底地壳，它会逐渐向洋中脊或裂谷两侧扩张，到达海沟后，重新沉到地幔中去，海底地壳不断生长，不断消失，不断变形，所以在海底没有比侏罗纪或晚三叠纪更老的地层。这就是海底扩张学说。

（60）沉积环境：为沉积相的同义语，指沉积物或岩石沉积时的自然地理条件和要素。沉积相按自然地理环境的不同，可分为陆相、海相、海陆过渡相三大类，并可再分相、亚相及微相等。

（61）全球构造、新全球构造：全球构造系指大陆漂移说提出的全球的一种大地构造概念。新

全球构造则是20世纪60年代以来地球科学的新理论板块构造，称为新全球构造

(62) 碰撞、俯冲：两个大陆壳板块相碰撞的现象，称碰撞。而两个板块相遇时，其中一个板块向另一个板块之下冲刺下去，叫俯冲。两者是板块构造学说中的术语。

(63) 欧(劳)亚大陆、冈瓦纳大陆：劳拉西亚的简称，又称北方大陆，是一个假想的位于北半球的古大陆，也是劳伦西亚古陆块和欧亚古陆块的联合名称。与假想的冈瓦纳古大陆之间只隔着一个古地中海或特提斯海，其范围包括现在的北半球大陆，如北美、格陵兰和印巴次大陆之外的欧亚大陆。冈瓦纳大陆也是一个存在于南半球的假想大陆，也称南方大陆，取名印度中部的地名冈瓦纳，范围包括现代的非洲、南美洲、南极洲、澳大利亚、印度半岛及阿拉伯半岛等。上述各大陆认为在古生代及以前时期曾经连在一起。

(64) 大绝灭事件：指在全球范围较短时间内，有许多生物类别整体性地完全绝灭或几乎完全绝灭，抑或说绝灭的比例很高。因为有许多“大类”整体性灭绝，专业性术语称类群灭绝。这种突然性发生的事态，称为大绝灭事件。

(65) 被子植物：指种子植物，胚珠(授精后发育成种子)生在子房内，具真花，有双受精现象，茎木质部由导管和管胞组成，根据种子里子叶的数目分成单子叶植物和双子叶植物。

(66) 背景值：又称元素丰度，克拉克值。指在某地区或全球性的地层、岩石等各种地质体内无矿或未受矿化影响的平均元素含量，称为背景值或正常含量。元素丰度是指元素在宇宙体或地质体(太阳、地球、行星、地壳等)中的平均含量。克拉克是美国化学分析家，他对地壳的岩石、矿物、天然水、土壤中的元素含量作了大量分析，故将在地壳中的元素平均含量，称为克拉克值。可以看作是全球性的正常含量或背景值。

(67) 自然保护区：系指对有代表性的自然生态系统，珍稀濒危野生动植物物种的天然集中分布区，有特殊意义的自然遗址等保护对象所在的陆地、陆地水体或者海域，依法划出一定面积予以特殊保护和管理的区域。

(68) 界线地层剖面：又称界限剖面，属界线地层类型的一种。指表示两个地层单位之间的横向界线接触的性质和关系。它是两个不同岩石单位、两个不同年代地层单位之间上下接触的垂直岩层走向的一个横切面。

(69) 科：目以下、属以上的生物分类的一个单位。科是由若干个在系统发育上有共同起源的属组成。有的科只有一个属，有的科还可以分为若干亚科，或将若干相近的科集合再建立超科。

(70) 属：科以下、种以上的生物分类的一个单位，属是由若干个特征相似、共同发育的种或仅有一个具有独特特征的种组成，有的属再可分为亚属。

(71) 种：又称物种和生物种，是位于属以下的生物分类的最基本单元，种以构造、习性、机能相似，能相互交配并产生能育后代的种群(居群)或若干种群组成。任何物种都是由若干种群组成。

(72) 成岩作用：沉积物被埋藏以后，直到固结为岩石以前所发生的地质作用。此时沉积物发生重新分配、重新组合、形成新的自生矿物及结核等，胶体矿物脱水陈化，沉积物压缩胶结，最后固

结为岩石。此阶段称为成岩作用。

(73) 解理:又称劈开。矿物的物理性质之一,指晶体或矿物在外力打击下,总沿一定结晶方向裂成光滑平面的固有性质,称为解理。这些平面叫解理面。它严格受晶体结构的控制。解理通常分为极完全、完全、中等、不完全、极不完全 5 个等级。

(74) 中子活化分析:定量分析的一种方法,指用中子照射试样,使被测元素活化转变为放射性同位素而进行分析的方法。根据照射后所产生的放射性同位素的半衰期和射线的能量进行定性分析,并根据射线的强度进行定量分析。该法依据中子原的不同分为三类:慢中子活化分析,快中子活化分析,放射性同位素中子源。

(75) 重结晶作用:指变质作用过程中,由于原岩中化学成分的重新组合而形成新矿物或原有的矿物晶体由于重新生长而粒度变粗变完整的作用。

(76) 环境物质交换:指在当时的自然条件下或生物生存的周围世界中,元素与环境中的大气圈、水圈、土壤-岩石圈及生物圈中有关的化学成分物质进行交代置换的过程和结果。

(77) 碳、氧同位素组成:指测试样品中碳、氧同位素的相对容量,可以用丰度表示,也可以用比值或δ值表示。同位素组成实际上是一个比较笼统的名词。碳、氧各有三种稳定同位素:碳为 ^{12}C、^{13}C、^{14}C;氧 ^{16}O、^{17}O、^{18}O。

(78) 胶结物:指碎屑岩中对碎屑颗粒起粘结作用的物质。包括碎屑颗粒间的泥沙及化学沉淀物。

(79) 物理风化:又称机械风化,指地表岩石、地层受太阳的辐射和温度变化,岩石中水的冰冻、矿物水化、生物等对岩石引起的一种破坏作用。它使岩石、地层成为松散破碎状态。

(80) 化学风化:在大气条件下,岩石受水或水溶液的化学作用影响下发生的破坏作用。它不仅使岩石破碎,还使岩石的矿物成分、化学成分发生变化,产生新矿物。化学风化的方式主要有溶解、水化、水解、氧化、碳酸盐化、高岭土化及还原作用等。在炎热而潮湿的气候条件下,岩石、地层的化学风化最为显著。

(81) 成熟度:指碎屑物质在风化、搬运过程中,被改造趋向于最终产物的程度。可分为成分成熟度和结构成熟度两种。

(82) 干裂:又称泥裂,沉积岩的一种层面构造和浅水标志。未固结的沉积物被阳光晒干或脱水收缩作用形成的一种平面上呈不规则多边形裂块,一般出现在间歇性曝晒的地方。

(83) 混积岩:指由多种成因的组分,如碎屑、粘土、生物化学组成的岩石,其中某一种组成的含量均不超过 50%。

(84) 冲刷(冲蚀)构造:指河流等水流侵蚀作用在沉积物和岩层表面形成的层面构造,常见有的冲刷面在其岩石顶部凹凸不平,并伴生有泥质或沙泥质砾石。

(85) 幕式沉积:是事件沉积的一种类型,在地质历史中突变条件下各种各样跳跃式变化的幕式事件为主流的沉积。它存在许多超越稳定和平常状态的偏异,其是由这些时间间隔几百万年至几千万年偏异事件所构成的,可以对地层沉积过程的不连续和间断形式作全面的表述和概括,强调地层记录是正常沉积和许多间断组成的。

（86）羊膜卵：是两栖动物进化到爬行动物、实现完全的陆生生活后最后解决遗传方式的最重要的一步。在羊膜卵胚胎发育过程中，形成羊膜腔、卵黄囊和胚外体腔，另有尿囊，为胚胎的呼吸和排泄器官。这些结构保证了陆生动物的繁殖，摆脱水环境的束缚和能在干燥的陆地上生存。

（87）孢粉分析：孢粉为孢子和花粉的简称。即孢子植物的孢子和种子植物的花粉，均为植物的生殖细胞。孢粉分析系指将地层中一定层位的岩石标本用化学或物理方法分选出其中所包含的孢子和花粉，在显微镜下鉴定它的科、属、种，并用百分数统计各种类的含量，依此推测地层时代、古地理环境、古气候等。

（88）灾变事件：指突然和猛烈的在一个地区或全球性灾难和变故的过程与结果。灾变论始于17～18世纪，哈雷发现"哈雷慧星"运行规律，认为撞击地球会引发大洪水。后居维叶研究巴黎盆地的地层和古生物化石，提出在地史中生物演变许多次突然间断，他用此来解释生物绝灭事件，称它为灾变论。到20世纪60年代，对地史中生物绝灭事件的原因，提出了几十种假说和观点，最流行的有小行星或彗星撞击地球、超新星爆发及海平面变化、缺氧、火山爆发等。这种以现代科技手段为基础，用地外或地内因素引起的灾变来解释生物的大灭绝事件，称之为新灾变论。

（89）特化：指生物发生局部的特殊变异以适应于特定环境条件的现象。特化是生物对某一特定环境长期特殊适应的结果。只要这种特定环境存在，特化的生物趋于繁荣，反之，便大量死亡，为其他生物所代替。

（90）应力、应力场：应力指作用于物体内任意截面上的附加内力的强度。受力物体内的每一点都存在与之相对应的应力状态。物体内各点的应力状态在物体占据的空间内组成的总体，称之为应力场。应力单位为 kg/cm^2。

（91）生态系统：指某一特定的环境与生物相互之间关系的综合体，是生命与无机环境之间在物质和能量上的循环和相互作用、相互制约，不断演变，达到动态平衡和相对稳定的统一体。生态系统范围大小不同，大者如大洋或大洲，小者如一个小水塘。

（92）微古地貌：指地史时期某地区中河流、洪流等作用形成的规模相对比较微小的局部地形和小的地貌单位，如河床、边滩、洪泛平原等。在这里可以构成不同的沉积物沉积。

（93）地层系统：指在一个地区或大区域性的一类具有一定层位的岩石、地层，按界、系、统、阶或群、组、段、层、岩石等单元，在垂向剖面上的位置与关系，组成一个连续的或不连续的地层系统的整体，称之为地层系统。这是地层对比的基础、地质历史发展演化、古气候、古地理分析等的基本素材。

（94）后造山阶段：造山是造山作用或运动的简称。后造山阶段是指由于地壳受到强烈的构造变动、变形，使地壳的狭长线形地带上升隆起成山脉的高潮期或主造山期后，一个相对弱构造运动时期，称之为后造山阶段。

（95）造山模式：根据某处造山带的实例，通过提炼和概括反应造山特点和空间–时间变化规律以及地质环境的关系，作为研究对比其他造山带时对比的依据和标准，使人可以看作为标准样式，称为造山模式。例如秦岭型造山带，科迪勒拉型造山带等。

（96）期：区域性的地质年代单位。相当于一个世的再分，例如晚寒武世的崮山期、长山期和凤山期、晚二叠世长兴期等。

（97）造山带：指在造山作用下地层岩石褶皱和其他构造变形的地带或是岩石圈板块地壳岩片的会聚、俯冲和碰撞的地带，是岩石圈中结构最复杂的构造单元，如南美安第斯造山带、喜马拉雅山造山带等。

（98）陆棚区：称陆架或大陆架。指平均海水低潮线以下或近滨外侧到水深约 200m 的水下地区，再往下进入大陆斜坡区，由平缓的陆棚进入陡峻的大陆斜坡处，其斜坡角度有一明显的转折点。

（99）类磨拉石沉积：为一种陆相沉积类型。磨拉石沉积系指山间盆地内巨厚的砾岩、砂岩占优势的沉积层，岩石分选差，层理不规则，相变急剧。是造山阶段后期的产物。类磨拉石沉积则是指与其相似的沉积层。

（100）生境：指满足生物生态要求的生活居住环境。

（101）盆–岭构造：又称大陆构造系。盆–岭构造是中生代以来大陆构造的主要格局，是由不对称的纵列单面山、山岭及其间列的盆地组合的构造单元。认为盆地的扩张作用对周缘地层岩石挤压使山脉抬升，当山脉受挤压到一定程度，盆内侧形成更复杂的内部结构和复杂的盆地形态。盆–岭构造就是以盆地扩张作用为主动而以山脉受挤压抬升为辅的构造运动。是岩石圈伸展区具有的典型性构造形式。

（102）河流相：又称冲积相。陆相沉积类型之一，指由于河流或其他径流的作用而形成的一套沉积物和沉积层。

（103）冲积扇相：又称洪积扇，指山区河流流出山口，河床坡度急剧变缓，间歇性的急水流向四方散开，在山麓地带形成像扇子一样沉积物和沉积岩，称为冲积扇。其沉积物一般为氧化沉积，色红，有机质少，层理发育中等，粒度粗，分选差，成熟度低等特点。

（104）纪：指国际地质年代表中的基本地质年代单位，相当于一个“系”的形成时间，纪是代的再分。例如中生代分为三叠纪、侏罗纪、白垩纪，共三纪。

（105）磁性地层：指岩石、地层的磁性与变化的特征。包括剩余磁化强度、磁化率等。可依据此划分和对比地层。

（106）陆相碎屑岩系：又称陆相碎屑沉积。指在大陆环境下，由陆源碎屑物质组成的沉积岩组合。包括砾岩、砂岩、粉砂岩和粘土岩。碎屑岩的组成主要有颗粒、杂基、胶结物和孔隙、裂缝等。

（107）地磁场反转： 又称地磁场倒转。地磁场指以一级近似的磁化轴与旋转轴大约呈 11.5°的球体磁场。地磁场反转指地球磁场方向发生 180°的改变。就是地磁两极的极性发生倒转现象。

（108）小行星：在火星和水星轨迹之间有许多似球形、椭圆形，甚至不规则形状的小天体沿各自的轨道绕日运行，统称小行星。目前小行星已编号的有 2000 多颗，雷达探测到的有 50 000 多颗：

整个小行星带的总质量仅为地球的0.04%。最大小行星直径1003km，大多数小行星直径小于50km。

（109）超新星：亮度剧增几千万或几万万倍的爆发变星。在极大光度时达17或19绝对星等，即相当于数亿颗太阳的光度。到目前为止，已发现超新星有数百颗。

（110）DNA：核苷酸是由三组化学单位磷酸基、戊糖、氮基组成的分子复合体。戊糖有两种，核糖和脱氧核糖。按戊糖的类型，核苷酸分为两种：由核糖核苷酸组成的链为脱氧核糖核酸，简称DNA。基因是DNA分子中含有特定遗传信息的一种核苷酸序列。DNA有能自我复制、发出指令、发生变异的三种功能。

（111）中基性火山碎屑岩：中性岩、基性岩为火山岩的两大类。中性岩指二氧化硅含量在52%～65%，主要矿物为角闪石和中性斜长石或有少量石英等。基性岩指二氧化硅含量在45%～52%，主要成分为辉石、基性斜长石等。火山碎屑岩则是一种介于熔岩与正常沉积岩之间过渡类型的岩石。主要由火山作用形成的各种碎屑物堆积而成，火山碎屑物的含量超过50%。中基性火山碎屑岩就是中基性岩浆喷发的碎屑堆积而形成的岩石。

（112）秦岭海西褶皱带：又称秦岭华力西褶皱带。指河南省西南部西峡、内乡两县南部，邓县西部、淅川县全境地区，是一个海西时期的褶皱带，其时代大致相当于晚古生代的泥盆纪至二叠纪末的地壳构造发展阶段。该带由陡岭晋宁期倒转复式背斜、荆紫关—师岗复式褶皱带等组成。此处主要指后者。

（113）凹陷、凸起：是盆地内的次级构造单元。凹陷指盆内相对低洼的地域。凸起则为盆内的带状高突的地方。两者常相伴出现。

（114）核心保护区、缓冲区、试验区：核心保护区为自然保护区内保存完好的天然状态的生态系统以及珍稀、濒危动植物的集中分布地，禁止任何单位和个人进入，也不允许进入从事科学研究活动。核心区外围可以划定一定面积的缓冲区，只准进入从事科学研究观测活动。缓冲区外围划定实验区，可以进入从事科学试验、教学实习、参观考察、旅游等活动。

（115）组合带：指含一定特征化石组合的一段地层。常以典型的种或属来命名。例如白垩纪晚期的巴克龙组合带，原角龙组合带等和上奥陶统五峰阶底部的四川叉笔石组合带等。

（116）地质时代：指一个地层单位或地质事件的时代和年龄。其包括相对时代和绝对年龄。

（117）走滑拉分盆地：走向滑动断层，简称走滑断层。一般指大型的平移断层，是两盘顺直立断层面相对水平剪切滑动的构造。走滑断层系中拉伸形成的断陷盆地，称走滑拉分盆地。

（118）箕状盆地或箕状断陷：在伸展背景条件下受基底和盆缘正断层控制发育的沉积盆地，称为断陷盆地。如果盆地一侧断层发育，形成一侧由主干弧形或铲形正断层控制的不对称盆地，则称箕状盆地或箕状断陷与半地堑盆地。

（119）山间盆地：由周围山地围限的低地。一般构造盆地多属山间盆地。

（120）郯–庐大断裂：指分布于山东郯城—安徽庐江的大断裂。断裂又称断层，是地壳岩石或地层中顺一个或一组破裂面两侧发生显著或明显位移的一种破裂构造，广泛发育于地壳中。大断裂指控制大区域的地质格架及区域成矿作用的一种断层，长数十至数百千米。

（121）南断北超：指一种断陷的构造形式。南部为断裂控制，北部的年轻沉积层超覆盖在较老的地层之上，即为南断北超。

（122）伊迪卡拉动物群：伊迪卡拉位于澳大利亚南部，在上元古界顶部之上，发现一个含有后生动物躯体化石和遗迹化石的地层，最厚达 112m。已采集标本 1600 件，包括大约 30 个生物种，分属于腔肠动物的水母类、环节动物的多毛类以及节肢动物等。此动物群是最古老的海洋后生动物群，在世界各地广有分布。其年龄在 6 亿年左右，动物群指分布于一定地区、环境、层位或时代，历史上形成的各种动物的整体，故此称为伊迪卡拉动物群。

（123）澄江动物群：澄江指云南澄江县帽天山一带。在早寒武世早期，发现一个门类多样，包括海绵动物、蠕虫动物、腔肠动物、鳃曳动物、叶足动物、腕足动物、腹足动物、节肢动物，还有多种共生的海藻类等 40 多个门类，涉及当今动物界大多数门类，还有各种无法归于现有门类的灭绝类群。有许多珍贵化石如古虫动物和水母化石为首次发现。这一发现，填补了加拿大中寒武世早期布尔吉斯动物群与元古代早期伊迪卡拉动物群之间演化的一个重要环节。该动物群以罕见的软躯体化石完美保存而震惊中外。这是我国对古生物科学的重大贡献。

（124）自然环境：在史前即人类社会出现之前客观存在的空间和物质条件与元素，包括物理的、化学的和生物的三部分。如自然界中的大气、水体、土壤、光、岩石和植物、动物等生物的变化及氧、碳、氮等元素。

（125）地质环境：指由岩石圈、水圈、大气圈组成的体系。它是地球演化的产物。人类和其他生物依赖它而生存和发展。同时，人类和生物的活动又不断地改变它的物理、化学成分和结构、构成特征。人类所处的地质环境是在最新造山运动和第四纪最后一次冰期后形成的。

（126）区域地质调查：指综合运用地质理论，通过地质填图、重砂测量、航空物探、遥感、地面物探、化探等方法，全面系统地调查研究分析某一地区的区域地质特征和矿产分布规律，指导找矿，称为区域地质调查。

（127）地质矿产普查：又称普查找矿。指根据某一地区的地质和矿产分布规律，成矿条件等，运用成矿地质理论和综合技术方法与新技术，初步寻找国家急需的矿产资源。

（128）系：指在一个“纪”的时间内形成的地层、岩石，比“界”低一级，比“统”高一级的国际性基本年代地层单位。例如白垩系、古近系。一个系可分两个统或三个统与以上。

（129）恐龙蛋化石群：指恐龙蛋石化保存为化石部分的埋藏在沉积层中的群落。化石群由于地质作用和风化剥蚀的破坏，恐龙蛋已非原来完整的原始面貌。

附录二 图录检索

图4-2	泥裂(河南西峡)(王德有摄,1995)
图4-3	长圆柱蛋一窝(32枚)(河南西峡)(周世全摄,2007)
图4-4	阳城任沟山一处盗挖洞(王建中摄,2004)
图4-5	冲刷面(河南西峡)(王德有摄,1995)
图4-6	圆形放射状排列(河南西峡)(周世全等,2005)
图4-7	交错平行排列(河南西峡)(周世全等,2005)
图4-8	多层平行排列(河南西峡)(周世全等,2005)
图4-9	不规则状排列(河南西峡)(梁新权摄,2007)
图4-10	立式或倾斜式排列(广东南雄、河南西峡)(阎元中等,2006;周世全等,2005)
图4-11	原地埋藏类型(广东南雄)(阎元中等,2006)
图4-12	异地埋藏类型(河南西峡)(周世全等,2005)
图4-13	亚原地埋藏类型(河南西峡)(王建中摄)
图4-14	粗皮巨形蛋一窝(广东南雄)(杨锺健,1965)
图4-15	规律移动下蛋方式(河南西峡)(周世全等,2005)
图4-16	随意移动下蛋方式(河南西峡)(周世全等,2005))
图4-17	局部有序下蛋方式(河南西峡)(周世全等,2005)
图4-18	长圆柱蛋(河南西峡)(江富建提供,2007)
图4-19	三里庙恐龙蛋化石发掘区(河南西峡)(周世全等,2005)
图4-20	风化破损的一窝蛋化石(河南西峡)(周世全等,2005)
图4-21	根据地表发现的蛋皮挖掘恐龙蛋(周世全摄,2005)
图4-22	两枚压扁的长圆柱蛋(河南西峡)(梁新权摄,2007)
图4-23	蛋内充填的泥砂物质(河南西峡)(周世全等,2005)
图4-24	北大研究DNA用的蛋化石(河南西峡)(周世全等,2005)
图4-25	郑州大学研究胚胎用的蛋化石(河南西峡)(周世全等,2005)
图4-26	李酉兴等研究恐龙胚胎所得出的结果(河南西峡)(李酉兴等,1996)
图5-1	显生宙海生物主要绝灭事件及分异度变化(殷鸿福等,1988)
图7-1	某处恐龙蛋化石的盗洞(周世全摄,1993)
图7-2	水泥皮假恐龙蛋化石(路宁摄,2008)
图7-3	成窝水泥皮假恐龙蛋化石(路宁摄,2007)
图7-4	100多枚一窝的假恐龙蛋化石(冯祖杰摄,2006)
图7-5	两枚仿制的恐龙蛋(周世全摄,2006)
图7-6	多枚仿制的恐龙蛋化石(周世全摄,2006)
图7-7	一窝仿制恐龙蛋化石(周世全摄,2006)
图7-8	移植补皮的长圆柱蛋(梁新友摄,2007)
图7-9	补充缺蛋部位的恐龙蛋窝(梁新友摄,2007)
图7-10	放大镜观察(赵树林摄,2008)

图8-1	河南地质科技情报(赵树林摄,2008)
图8-2	在淅川首次发现的恐龙蛋化石(周世全摄,1974)
图8-3	盗洞内的木料支护(周世全摄,2000)
图8-4	“白垩纪之光”纪念碑(曹高社摄,2007)
图8-5	马家沟恐龙蛋化石区(引自李占扬等,1998)
图8-6	作者在观看以往的盗洞(王建中摄,2005)
图9-1	世界上最大的恐龙蛋蛋窝(河南西峡)(周世全等,2005)
图9-2	作者在考察研究冲积扇(王德有摄,1995)
图11-1	西峡盆地地质构造略图(周世全等,2005)
图11-2	恐龙骨骼化石(河南西峡)(周世全摄,2007)
图11-3	恐龙牙齿(河南西峡)(路宁摄,2007)
图11-4	棱柱形蛋一窝(河南西峡)(梁新权摄,2007)
图11-5	时空隧道外景(河南西峡)(西峡恐龙蛋遗迹园画册,2006)
图11-6	时空隧道内的恐龙蛋河南西峡(梁新权摄,2007)
图11-7	西峡恐龙蛋化石在日本三重县科技、文化、艺术博览会展出(李占扬,1998)
图11-8	日本名古屋东山动物园馆址(周世全等,2005)
图11-9	西峡恐龙蛋在名古屋展出的情景(周世全等,2005)
图11-10	日本观众在观看西峡恐龙蛋化石(周世全等,2005)
图11-11	长圆柱蛋(一窝)在日本名古屋展出(周世全等,2005)
图11-12	树枝蛋化石(湖北郧县)(詹华芳摄,2001)
图11-13	郧县青龙山国家地质公园(郧县国家地质公园管理局,2007)
图11-14	长形蛋一窝(广东南雄)(杨锺健,1965)
图11-15	山阳盆地地质图(引自薛祥煦等,1996)
图11-16	瑶屯巨形蛋一窝(陕西山阳)(周世全摄,2007)
图11-17	副圆形蛋(山东莱阳)(张和等,2007)
图11-18	二连副圆形蛋(内蒙古二连)(张和等,2007)
图11-19	粗皮巨形蛋一窝(江西赣州)(杨锺健,1965)
图11-20	副圆形蛋一窝(广东河源)(张和等,2007)
图11-21	大长形蛋一窝(湖南常德)(曾德敏等,1986)
图11-22	滔河扁圆蛋径切面素描(河南淅川)(赵宏等,1998)
图12-1	北京自然历史博物馆(张和等,2007)
图12-2	中国地质博物馆(张和等,2007)
图12-3	中国地质大学(武汉)逸夫博物馆(张和等,2007)
图12-4	天津自然博物馆(张和等,2007)
图12-5	内蒙古二连恐龙博物馆(张和等,2007)
图 12-6	中国西峡恐龙蛋化石博物馆(周世全摄,2007)

图12-7	山东诸城恐龙博物馆(张和等,2007)
图12-8	南京地质博物馆(南京地质博物馆,1992)
图12-9	大连自然博物馆(张和等,2007)
图12-10	深圳古生物博物馆(张和等,2007)
图12-11	南阳师范学院恐龙蛋化石博物馆(岳紫龙摄,2008)